独ソ戦車戦シリーズ
10

クルスク航空戦 ⟨上⟩
史上最大の戦車戦――オリョール・クルスク上空の防衛

著者
ドミートリー・ハザーノフ
Дмитрий Борисович ХАЗАНОВ
ヴィターリー・ゴルバーチ
Виталий Григорьевич ГОРБАЧ

翻訳
小松徳仁
Norihito KOMATSU

АВИАЦИЯ В БИТВЕ
НАД ОРЛОВСКО-
КУРСКОЙ ДУГОЙ
Оборонительный период

大日本絵画
dainipponkaiga

推薦
空軍元帥　ソ連邦英雄　A・N・エフィーモフ

クルスク航空戦・上巻 目次　contents

- 3 ●まえがき
  ПРЕДИСЛОВИЕ
- 4 ●『クルスク航空戦』日本語版への序文
  ドミートリー・ハザーノフ
- 12 ●『クルスク航空戦略記一覧』
- 13 ●地図：クルスク戦前夜の独ソ両軍の基地
- 14 ●第1章
  ### 会戦前夜
  НАКАНУНЕ СРАЖЕНИЯ
  独ソ双方の計画 14　工業生産力と航空部隊の編制 25　航空司令部の企図 36
  制空権をめぐる戦いと工業・輸送拠点への空襲 40　独ソ両軍の航空機と評価 54
  航空隊員の養成・訓練 74　「諜報・偵察員の報告は確かか？」87
- 112 ●第1章 資料出所
  ИСТОЧНИКИ
- 115 ●第2章
  ### 轟々たる響き──『ツィタデレ』(上)
  ЭТО ГРОЗНОЕ СЛОВО–«ЦИТАДЕЛЬ»
  大会戦始まる 115　ソ連軍攻撃航空部隊の参戦 132　初日の結果 141
  戦いは続く 145　衰えぬ戦火 174　ソ連軍の航空作戦修正 186
  ドイツ軍攻勢の"息切れ" 194　夜間部隊 204　偵察部隊 214
- 221 ●第2章 資料出所（上巻）
  ИСТОЧНИКИ

- 97 ●塗装とマーキング

原書スタッフ
編集：イリーナ・バシニナー
美術：ミハイル・ブイコフ
地図：イリーナ・モーリナ
製版・装訂・印刷：『ソユーズDesign』デザイングループ
発行：『ソユーズDesign』

■訳者注及び日本語版編集部注は［　］内に記した。

翻訳にあたっては「АВИАЦИЯ В БИТВЕ НАД ОРЛОВСКО-КУРСКОЙ ДУГОЙ」(全1巻)の2004年に刊行された版を底本とし、日本語版では原書1〜2章前半を上巻、2章後半〜3章及び付録資料を下巻とする構成といたしました。［編集部］

まえがき　ПРЕДИСЛОВИЕ

　今から遡ること60年、弓形のオリョール・クルスク戦線で繰り広げられた壮大な出来事は大祖国戦争の帰趨を決することになった*。周知の通り、ヒットラー指導部は"スターリングラードの復讐"に失敗した。この戦いの後、赤軍は戦略的主導権をしっかりと握り、我が祖国から敵を計画的に駆逐するようになり、そしてヨーロッパ諸国民を"茶色のペスト"から解放することにつながって行った**。

　前線は西に移動したが、オリョールやベールゴロド、ハリコフの各地は長い間、そこで流された血と焼け壊れた兵器、地中に残った地雷、砲弾……といったものから立ち直ることができなかった。比較的小さな領域に双方が各々百万の将兵と数千の戦車、航空機、火砲、迫撃砲を結集させて始まった激突は、我が勝利に終わった。敵の侵入以来、我が国は初めてオリョールとベールゴロドの解放者たちに捧げる花火の祝砲を響かせることができた。

　平和が訪れてから今日まで、ソ連とロシアではオリョール・クルスク戦線の戦いを取り上げた書物が数多く出され、作戦や戦いの経過が語られ、航空部隊を含む我が戦士たちの功績に光が当てられてきた。外国でもこれをテーマにした数百もの著述が世に出ている。だが本書は、そのような中で異彩を放っている。

　第一に、研究、分析の基礎にソ連とドイツの公文書資料や戦闘報告書類、当時の参戦者たちの回想が置かれている。著者たちはそれらを分析し、思うに、実録的かつ最大限客観的に当時の出来事を明らかにし、勝利の代償がいかに高かったのかも隠そうとはしていない。彼我双方からの視点は、さまざまな出来事の原因をよりよく理解するための助けとなる。

　第二に、赤軍航空部隊とルフトヴァッフェの活動がクルスク戦の全体を背景にして描かれ、戦闘のなかで航空部隊の演じた役割が浮き彫りにされている。若手が多かったソ連の航空隊員たちも、勝利に慣れた歴戦の敵も、地上部隊の勝利を支援するという主要な任務を遂行していった。航空部隊の活躍はまさにこの観点からこそ評価されるべきであろう。敵をまず無力化し、その歩みを止め、そして西に追い返して行く過程で、ソ連の数千名のパイロット、爆撃手、機銃手、地上勤務員、指揮官、参謀部員たちが果たした役割の偉大さに疑う余地はない。

　最後になるが、本書はまた読み易い良書でもある。当時の写真資料は人々の表情や各種の航空兵器、時には戦闘の様子まで如実に物語ってくれる。著者たちは数字や事実の山に埋もれることなく、過去の出来事を明瞭に描出することに成功している。

　本書の登場は歓迎されるべきことだと思う。1941年から1945年の大祖国戦争の歴史を客観的に明らかにするという課題に目覚しい貢献をしている。この研究は、従軍経験者や若者たち、祖国の歴史に関心を持つあらゆる人々に興味を抱かしめるものと信ずる。クルスク戦における赤軍の防衛戦段階を取り上げた本研究の第一部に続き、反攻段階を叙述する第二部も近い将来に世に出ることを期待したい***。

オリョール州知事　E・S・ストローエフ

---

*原書の発行は2004年。第二次世界大戦、とりわけ独ソ戦をソ連・ロシアでは『大祖国戦争』(Velikaya Otechestvennaya vojna)と呼ぶ。ちなみに、1812年の仏ナポレオン軍のモスクワ遠征時の戦争は『祖国戦争』(Otechestvennaya vojna)と呼ばれ、前者は後者を意識した呼称である。

**茶色はナチスを象徴する色とされている。

***ソ連・ロシアの歴史学の定義する"クルスク戦"とは、ドイツ軍の『ツィタデレ』攻勢作戦（赤軍にとっては防衛作戦）に、クルスク戦線南面のドイツ軍橋頭堡の解消とハリコフの解放を目的としたソ連軍の『武将ルミャンツェフ』作戦（1943年8月23日のドニエプル河進出をもって終了）を加えたものとされる。

『クルスク航空戦』日本語版への序文

　1943年7月のクルスク戦は何よりもまず史上最大の戦車戦として有名であるが、その航空戦の部分に焦点を当てた本書の日本語版が刊行される運びとなったことは、著者として嬉しい限りである。ここでは日本語版のために、クルスク戦の背景とその意義を、日本の置かれていた立場や動きを中心にした視点から、ソ連、ドイツの内情も押さえながら俯瞰してみたい。

　国家社会主義ドイツ労働者党の指導部は1933年に政権に就く前から、日本を極東における潜在的同盟国として位置づけていた。満洲の奪取という形を取るに至った大日本帝国の国境見直し政策と、日出づる国の軍需生産拡大による経済恐慌の克服という明確な志向を、ヒトラーは肯定した。それゆえ、日本とドイツの軍部エリートたちが熱烈に歓迎した両国のその後の接近は、1936年11月の防共協定締結と同様に至極当然の流れであった。

　列島の帝国は翌年の7月に中国における軍事行動を開始し、次第に周囲の世界から政治的に孤立していくのがはっきりしていった。そこへ中国への軍事的、政治的支援を行うようになったソヴィエト連邦との対立が激化したことを踏まえ、日本人にはドイツとの同盟関係のさらなる強化が重要だと思われた。ハサン湖での紛争（張鼓峰事件）の後には、さらに多くの流血を伴う衝突が満洲のハルハ河に発生した（ノモンハン事件）。ところが日本人の驚いたことに、このときドイツはソ連との間に不可侵条約を締結した。

　おそらく、日本の外交政策の変化にもっと大きく関係していたのは経済上の原因であろう。寒くて進出しにくい北方ではなく、資源の豊かな南方に視線が注がれたことが、反共戦略から徐々に後退していくことにつながったようだ。その上、ドイツのフォン・リッベントロップ外務大臣は列島の帝国をイギリスの膨張主義に対抗する同盟に引き込もうと望み、ソ連もまたその同盟の一員となることを夢見ていた。1940年9月27日、日本とドイツとイタリアは、中立のアメリカ合衆国を含む西欧列強に対抗するための三国条約［日独伊三国同盟条約］を結んだ。

　しかしながらこの条約は非常に大まかな性格のもので、締約国相互の義務は欠如しており、第三国に対する協同行動も、少なくとも1941年の末までは想定していなかった。それゆえ、日本政府が（つい最近までイデオロギー上の不倶戴天の敵であった）ソ連からの関係正常化の提案を肯定的に受け止めたのも理屈に適っているように思われる。そうして、長く複雑な交渉を経て、松岡洋右外務大臣は1941年の4月にモスクワでI・V・スターリン、V・M・モーロトフとともに日ソ中立条約に調印した。

1：モスクワ市中央文化保養公園で赤軍の戦利兵器展を視察する、I・V・スターリンとG・M・マレンコフ、そしてスターリンの秘書のA・N・ポスクリョーブィシェフ（手前右から左へ）。当時スターリンはソ連共産党書記長。ソ連最高ソヴィエト幹部会議長、赤軍最高総司令官を兼務、マレンコフはソ連共産党中央委員会書記の地位にあり、航空分野の責任者でもあった。手前の機体はユンカースJu87D、背後の大型機はフォッケウルフFw200C。

2：大祖国戦争開戦2周年の1943年6月に、モスクワ市のゴーリキー記念中央文化保養公園で開かれた戦利兵器展の様子。

1

2

この出来事の後、間もなくして、ヒットラーは日本に対ソ連攻撃の意図を公式に伝えるが、東洋の同盟国が何らかの形で加わることを要請しなかった――総統は共産主義帝国に対する勝利の栄冠を誰とも分かつことを望まず、迅速な勝利を疑っていなかったからだ。意外に思われるかもしれないが、ドイツの外務大臣は独裁者とは異なる独自の見方を持ち、フォン・リッベントロップは数年間にわたって日本が極東において今度は対ソ戦に打って出るように仕向けようとしていた。

　ソ連軍兵力の戦略的展開の基本と戦略的諸作戦の計画は1940年の10月に策定、採用され、主要な点については9カ月間にわたって変更はなかった。ソヴィエト連邦は「西ではイタリア、ハンガリー、ルーマニア、フィンランドに支援されたドイツとの、そして東では日本との二正面の戦いに向けて用意を整えておく必要がある」と考えられていた。その際、軍事行動の主要な舞台は西部方面とされ、第一の仮想敵国はナチス・ドイツであると認識されていた。

　1941年6月22日に奇襲攻撃を受けたソヴィエト政府は、日本とトルコが侵略者の側に立って参戦することを真剣に恐れた。そうしたところに、第二次世界大戦の流れを決する最も重大な決定の一つが7月2日の御前会議で下された――松岡外相の主張に反して、日本指導部はソ連に対する攻撃を先送りし、インドシナ半島の武力奪取を準備することにしたのである。こうして赤軍は一つの戦線でのみ戦うこととなり、ドイツ国防軍を相手にして耐え抜くことができたが、日独双方から打撃を受けていればソヴィエト国家はおそらく持ち堪えることはできず、崩壊したであろう。

　だが三国同盟の各締約国には1941年の夏と秋になるとすでに、それぞれの優先事項がはっきりと分かれていた。日本は自らの背後――長大な対ソ国境を安全にした上で、対日全面禁輸を表明した西欧列強諸国との紛争に突入し、イタリアは地中海地区に関心を奪われ、他方のドイツは対ソ戦争を絶対的な優先課題と位置づけていた。

　独ソ国境での敗退、それに続く諸々の戦闘は赤軍にとって不首尾に終わり、多大な損害が出ていた。部隊の国内後方への後退はソ連に甚大な損害をもたらした。数百社単位の企業の東方へのやむなき疎開は、12月には武器と兵器機材の生産を大幅に減少させるに至った。この時点までソ連の極東及び南部の国境沿いに最高総司令部スターフカは大兵力を維持していた。例えば、それらの地域には716機の航空機が配置されていたが、それは実施部隊に残った航空機の56％に相当するものであった。

　ようやくソ連の諜報員リヒャルト・ゾルゲから、日本は1941年にはソヴィエト連邦を攻撃しないとの報告が届いた後、極東配置兵力の一部がモスクワ郊外に移動させられ、そこで赤軍が展開した反

3：戦利兵器展を見学するモスクワ市民。手前左はメッサーシュミットBf109G、右はFw200Cの機首。

撃攻勢に重要な役割を演じることになるのである。だがスターリンはそれでも"背後からの攻撃"を真剣に恐れ続け、参謀本部に対して日本の政策が変わった場合に備えた計画の策定を命じている。

1942年3月16日に発出された最高総司令部スターフカの訓令の中で、極東方面軍とザバイカル方面軍の司令部には陸、海、空の各部隊について任務が与えられた。計画の骨子は、極東で徹底した防衛戦を展開し、開戦3日以内に満洲において反攻に移ることであった。日本の海上交通に対する航空攻撃と日本海、黄海、オホーツク海での潜水艦による偵察警戒作戦の実施が想定された。

当時の日本はドイツに対して対米積極行動の開始をしきりに促していたが、ヒットラーはむしろ、日独両国の最短直通連絡を確立するためのソ連極東地域占領の時期が到来したと考えていた。自らの力を過信したために、1942年の夏は東京～ベルリン間の積極的な軍事同盟構築のチャンスを逸した時期となったと規定しても誤りではなかろう。この当時はソ連、イギリス、アメリカ、中国の間での相互連携のほうが、いろんな矛盾を抱えながらもはるかに緊密であったことは間違いない。

クリミア、ハリコフ、リュバーニ（レニングラードの南方）、その他での作戦で恐るべき損害を出した後のスターリンには、「極東から10～12個師団を割き、7月11日以前にそれらの最高総司令部予備に向けた隠密西進を開始させる」よう命ずるほかに何の手立て

3

4：戦利兵器展に展示されたドルニエDo17偵察機。

も残されていなかった。ドイツは戦略的イニシアチブを東部戦線のみならず、北アフリカでも握っていた――E・ロンメルの戦車軍団は文字通りアレクサンドリアの門前に迫っていた。秋までに日本とドイツとその同盟諸国は、22カ国を占領し、5億人以上の人口を擁する総面積1280万平方キロメートルの巨大な領域を掌中にしていた。

　スターリングラードが陥落し、ドイツ軍部隊がカフカス山脈を越えてインド方面に突入していたならば、日本がより積極的な協同行動に突き動かされていた可能性はある。しかし、東部戦線での夏と秋の作戦はドイツ国防軍とヨーロッパのドイツの同盟諸国にとって手痛い敗北に終わった。スターリングラードの名は、世界中で赤軍の不屈さを象徴する言葉となった。「新しい世界を目指す若い諸民族の共闘」を謳う外交声明が響く中、東京とベルリンの針路はどんどん乖離していくことになる。日本外交は、手遅れとならないうちにドイツとソ連を"和解"させようとますます積極的になっていったが、総統とその側近たちの理解を得ることはできなかった。

　この頃、関東軍の部隊再編成と日本軍機によるソ連の領空侵犯が続いていた。スターリンは、極東での事態が不快な方向に進展することに備える必要があると考えていた。ソ連は大きな成果を挙げてはいたが、戦争で疲弊し、新たな戦線を開くことは許されない状態にあった。文書資料からすると、1943年初夏の独ソ戦線に訪れた

静穏な時期に大日本帝国の側から軍事行動が発動されることをソ連指導部はとりわけ恐れていたようだ。

　6月29日付の最高総司令部スターフカ訓令の中では改めて、前年の3月に出された指示が確認され、「あらゆる方面における屈強な防御でもって、わが領土への敵の進入を許さぬ」要求が前面に打ち出されている。最高総司令官スターリンは各軍の司令官たちに警告した――戦争は極東の飛行場、駅、基地、その他の重要目標に対する日本軍機の大々的な襲撃によって始まる可能性があると。そして彼は、この地域の防空軍部隊を常時臨戦態勢下に置き、可能な範囲でその兵力と装備を強化する必要性を指摘した。やがて独ソ戦線上の静けさは過ぎ去り、1943年7月23日に最高総司令部スターフカは新たな訓令を発出し、その中で極東、ザバイカル両方面軍部隊、またソ連空軍、太平洋艦隊、アムール河小艦隊に対して新たな状況下における任務を詳細にした。

　今日では明らかなとおり、1943年夏の日本はまったく別な問題の解決に追われていた――対ソ戦のことは検討課題にも上っていなかったのである！　大日本帝国の中では、『新アジア政策』と呼ばれた外交政策上の重要な転換が完了しつつあった――それは、中国を日本の同盟国に変え、フィリピンとビルマとインドに独立をもたらし、ソヴィエト連邦との関係を改善しなければならない、という

5：戦利兵器展に展示されたBf109F戦闘機に見入る子供。F型は独ソ戦の初期にドイツ空軍の主力戦闘機だった。

5

ものであった。日本外交はドイツに対して、東部戦線での消耗戦はとうの昔に終わらせるべきで、あらゆる力を西欧の連合国に対して向かわせ、同時に占領政策を変えるべきであると、ヒットラーを説得しようと試みた。当然のことながら、総統にこうした考えを吹き込むことは失敗し、むしろヒットラーはシベリアへの即時侵攻を帝国日本に要求した。

　三国協定の同盟国たちはまるでお互いに耳を貸さないかのようであった。日本側の提案にはより多くの論理性とプラグマティズムがあったことは間違いない。この年の前半に開かれたカサブランカ会議とワシントン会議において米英統合指導部が、日出づる国に対して行動する兵力の増強と行動調整の改善を決めたことが、日本指導部の知るところとなった。西側連合国は『日本壊滅戦略計画』をまとめて基本方針と定め、その実現のために対日包囲と蘭領インドの石油供給源の奪取、日本の都市部への絶え間ない空襲、そして必要ならば日本列島そのものへの侵攻という手段によって、極東の敵の壊滅を達成することが決定された。

　連合国がその企図のすべてを迅速に遂行できたとはとてもいえない。特にイギリスは地中海から相当な兵力を割く余裕はなく、アメリカとカナダ、ニュージーランド、オーストラリアの連合軍部隊に本格的な支援を行うことはできなかった。とはいえ、太平洋中央部における攻勢には最大の意義が付与され、そこへアメリカは航空母艦、戦艦、揚陸艦を含む新造艦を送り込んでいった。

　米軍兵力の集結を注視していた日本もまた、来るべき戦いに向けて自国の大型軍艦の準備に着手した。しかしそれまでの戦いで日本海軍は艦上機と搭乗員に甚大な損害を出しており、補充要員の訓練を事前に幅広く、ハイレベルに行うことはできなかった。それゆえ、遅ればせではあるが、外交面で形勢の改善が試みられたのである。これに加えて、帝国陸軍は中国での攻勢を展開して、中国が連合国の攻勢作戦に参加できないようにし、連合国がこの方面に兵力の一部をやむなく転進させるようにしようとした。

　以上に列記したことすべてが、日本は対ソ国境に強力で良く武装された関東軍を持ちながらも、北の隣国との戦争に突入するつもりはなかったことを説明している。日本の軍事的、経済的潜在能力はまだまだ尽きてはいなかったが、初期に輝かしい成果を挙げた後はイニシアチブが敵の手に移るであろうことを明確に理解し、占領地域での長期防衛戦の準備をしていたのである。

　日本の外務省と軍部はソ連に対する善隣友好的な姿勢を目に見える形で示すと同時に、ドイツには情勢の解説と、可能な場合は軍事行動の調整のために特別使節団を派遣し、総統はこれを応接した（この使節団のソ連領通過をスターリンは許可していた）。ヴォルガ河

で起きたばかりの軍事上の大敗から、ヒットラーは"西洋の運命を決する戦い"に"黄色人種の同盟国"が参加することについて自己の人種差別的偏見を譲り、使節団に2隻の最新の潜水艦を贈ることさえしている。しかしながら、東部戦線でのいかなる政治的妥協にも決して同意しない姿勢を表明した。ドイツの独裁者は新しい作戦のことで頭が一杯だったからだ。それは決定的な成果をもたらし、"全世界にとっての松明"となるはずなのだ。この作戦こそ、クルスク突出部での攻勢作戦『ツィタデレ』であった。

　ではこれから、そのクルスクにおける航空戦の描写に移ろう。

2007年秋　ドミートリー・ハザーノフ

『クルスク航空戦』略記一覧（原語アルファベット順）

ソ連軍

A＝A──軍（総合兵科野戦軍）
ад＝ad──飛行師団
АДД＝ADD──長距離航空軍
ак＝ak──航空軍団
ап＝ap──飛行連隊
аэ＝ae──飛行大隊
гв.＝gv.──親衛
бад＝bad──爆撃飛行師団
бак＝bak──爆撃航空軍団
бап＝bap──爆撃機連隊
бат.＝bat.──大隊
ВА＝VA──航空軍
ВВС＝VVS──空軍
ВГК＝VGK──最高総司令部
ВНОС＝VNOS──対空監視警報通信
ВФ＝VF──航空艦隊
драп＝drap──長距離偵察機連隊
ЗА＝ZA──高射砲（またはその兵力）
ЗАБ＝ZAB──航空焼夷弾
забр＝zabr──予備飛行旅団
зап＝zap──予備飛行連隊
зенад＝zenad──高射砲師団
зенап＝zenap──高射砲連隊
зен.бронепоезда＝zen.bronepoezda──高射装甲列車
зенпулб＝zenapulb──高射機関銃大隊
зенпулп＝zenapulp──高射機関銃連隊
ИА＝IA──戦闘機（またはその兵力）
иад＝iad──戦闘飛行師団
иак＝iak──戦闘航空軍団
иап＝iap──戦闘機連隊
КА＝KA──赤軍
крап＝krap──砲兵観測偵察機連隊
мк＝mk──機械化軍団
мд＝md──自動車化師団
МЗА＝MZA──小口径高射砲（またはその兵力）
нбад＝nbad──夜間爆撃飛行師団
нбап＝nbap──夜間爆撃機連隊
одрап＝odrap──独立長距離偵察機連隊
озадн＝ozadn──独立高射砲大隊
ОН＝ON──特務
отд.＝otd.──独立～
ПАРМ＝PARM──野戦航空修理所
ПВО＝PVO──防空（または防空軍兵力）
полк＝polk──連隊
ПТО＝PTO──対戦車（またはその兵力）
пд＝pd──歩兵師団
пп＝pp──歩兵連隊
прожб＝prozhb──照空灯大隊
рап＝rap──偵察機連隊
раэ＝rae──偵察機大隊
РС＝RS──ロケット弾
сак＝sak──混成航空軍団（またはその兵力）
САУ＝SAU──自走砲（またはその兵力）
СЗА＝SZA──中口径高射砲（またはその兵力）
сд＝sd──狙撃兵師団
ск＝sk──狙撃兵軍団
ТА＝TA──戦車軍
тбр＝tbr──戦車旅団
тд＝td──戦車師団
тк＝tk──戦車軍団
тп＝tp──戦車連隊
ФАБ＝FAB──フガス航空爆弾
ЦАМО РФ＝CAMO RF──ロシア連邦国防省中央公文書館
шад＝shad──襲撃飛行師団
шак＝shak──襲撃航空軍団
шап＝shap──襲撃機連隊

ドイツ軍

(F)／──長距離偵察機中隊
(F)／Nacht──夜間長距離偵察機中隊
FAGr──長距離偵察飛行隊
Flak-Regiment──対空砲連隊
JG──戦闘航空団
Jg.Pz.──対戦車飛行大隊
(H)／──陸軍近距離偵察機中隊
KG──爆撃航空団
NAGr──陸軍近距離偵察飛行隊
NJG──夜間戦闘航空団
SchG──地上攻撃航空団
Stab──本部中隊
StG──急降下爆撃航空団
TG──輸送航空団
ZG──駆逐航空団
Verb.Kdo.（S）──通信飛行隊（航空機及びグライダーを使用）
8／──第8中隊
II.／──第II飛行隊

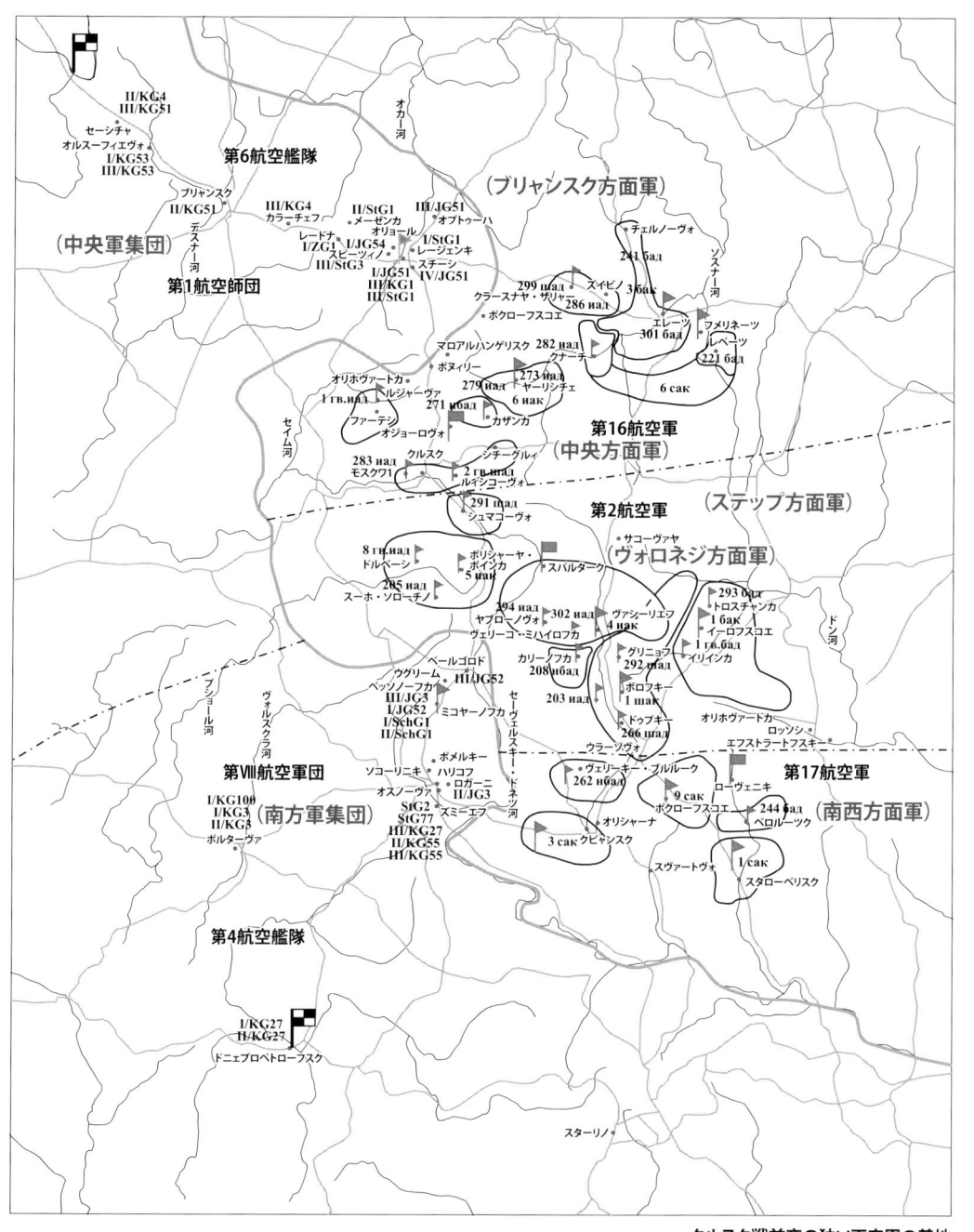

クルスク戦前夜の独ソ両空軍の基地

第1章

会戦前夜
НАКАНУНЕ СРАЖЕНИЯ

独ソ双方の計画
ПЛАНЫ ПРОТИВОБОРСТВУЮЩИХ СТОРОН

　1943年の2月初め、長かったスターリングラード大攻防戦が終幕を迎えた。この戦いは、ヴォルガ河に突進してきたドイツ軍部隊を壊滅させ、ドイツ軍司令部が予定した1942年の夏季・秋季作戦のあらゆる計画を覆した。ヒットラーの将軍たちも自ら、これを破局と認めていた。「スターリングラード郊外での敗北は、ドイツの国民も軍隊も戦慄させた、──Z・ヴェストファールは書いている。──ドイツ史上いまだかつて、これほどの大軍がかくも凄絶に壊滅したことはない」[1]。

　冬季の間赤軍は北カフカス地方、ドン河上流域、レニングラード郊外、ヴェリーキエ・ルーキ地区などで一連の攻勢作戦を順調に進めた。ところが1943年の春になると、ドイツ国防軍はベールゴロドとハリコフの両地区で首尾よい反攻を実施して、ソ連軍部隊の進撃を東部戦線のほぼ全域にわたって食い止め、形勢を安定させることに成功した。だが、爾後の東部戦線の戦争遂行計画を練る中で、総統とその将軍たちは自らに容易ならざる課題を課した。彼らはスターリングラード戦の敗北に対する報復を望み、軍隊と国民のぐらついた士気を昂揚させ、衛星国の目に映る第三帝国の威信を高め、ファシズムブロックの崩壊を防ごうとしたのである。

　赤軍はこれまでの戦いで補充が困難なほどの損害を出し、すぐに兵力を再建することは不可能であると判断を誤り、さらにソ連の同盟国がヨーロッパでの第二戦線を開くことを急いでいない点を考慮したドイツ軍司令部は、即座に夏季大攻勢作戦の準備に着手することを決断した。総統は、ドイツ国防軍がこの作戦の過程で再び戦略的主導権を握り、戦況を有利に変えるものと信じて疑わなかった。ヒットラー指導部が企図した大攻勢作戦には、はるか将来の計画の成否も託されるほど大きな期待が寄せられ、『ツィタデレ』(城塞)というコードネームが冠された。この作戦は1943年の東部戦線における大攻勢となり、ドイツの軍事戦略の優位とドイツ軍の成長する威力並びに戦闘能力を誇示することになるはずであった。ヒットラーは、夏季攻勢活動の展開にあたってソ連軍司令部に対して先手を打つよう要求した。

6：参謀部員たちに囲まれたソ連中央方面軍司令官K・K・ロコソーフスキー将軍。

7：ツィタデレ作戦を検討中のドイツ軍司令官たち。

15

ドイツ陸軍参謀本部には、新たな攻勢のための場所の選定に迷いはなかった——それは春の戦闘の過程で形成されたクルスク地区の突出部であった。これは非公式にオリョール・クルスク弓形戦線と呼ばれるようになった。ところで、総統の大本営では他の攻勢作戦案も検討されていた。なかでも最も過激だったのは、南方軍集団司令官マンシュタイン元帥の考えである。彼は、ミウース河とセーヴェルスキー・ドネツ河に沿った『バルコニー』と呼ばれる線を放棄して、ソ連軍進撃部隊をドンバス地方とドニエプル河下流におびき寄せ、その後北からの強力な攻撃でもってソ連軍部隊をアゾフ海と黒海の海岸に圧迫し、殲滅することを提案した〔2〕。

しかしヒットラーは、一時的にせよソ連に対する領土的譲歩は不可能であることと、爾後の東部戦線での戦争遂行にとってドンバス工業地域が重要である点を挙げて、そのようなリスクの高い行動には難色を示した。ヒットラーはK・ツァイツラー参謀総長を支持して、クルスク突出部の戦線で防御に就いていたソ連中央方面軍及び

8：1943年の夏に戦闘団を率いたW・ケンプフ将軍。

9：中央軍集団司令官H・クルーゲ将軍。

10：砲隊鏡を使って最前線の様子を見るドイツ第4戦車軍司令官のH・ホート将軍。

11：掩蔽壕の入り口に立つヴォロネジ方面軍司令官のN・F・ヴァトゥーチン将軍。

ヴォロネジ方面軍の部隊を殲滅することに決めた。ドイツ軍司令部の計画は非常に簡素であった。オリョール・クルスク戦線の根元部分で強力な打撃をもって赤軍の防衛線を北と南から突破し、その後戦車部隊が進撃して、作戦4日目にクルスクの東方で会合することとされた。

現代では知られているとおり、『ツィタデレ』は成功の暁には『パンター』という暗号名で呼ばれた別の作戦にそのまま移行したはずであった。この作戦はソ連南西方面軍部隊の壊滅を想定していた。1943年4月15日付作戦指令第6号の中でヒットラーが次のように書いているのも訳があってのことだった——「(『ツィタデレ』)作戦が計画通り進展した場合、敵中の混乱に乗じて、そのまま遅滞なく南東へ進撃(『パンター』作戦)を開始する権利を留保する」[3]。このように、ドイツ軍最高司令部ははるか先の目的を追求していたのだと認めざるを得ない。

ドイツ軍の元将軍たちは戦後の回顧録の中で『ツィタデレ』作戦

の攻撃をしばしば、ヒットラーとドイツ軍最高司令部の冒険と位置づけようとしてきた。その際には普通、5月に春の泥濘期が過ぎて道路が乾燥するや否や進撃を実施するよう主張していた多くの熟練司令官や指揮官の意見を引いている。迅速かつ断固たる行動を主張する者たちの中にはマンシュタイン元帥もいた。しかし、第9軍司令官モーデル大将をはじめとする反対派の勢いもまた強かった。モーデル大将は5月4日の会議に報告書を準備し、その中でドイツ軍の進撃はソ連軍防衛線の突破にあたっては何よりもまず、戦車、特に重戦車の不足に起因する多大な困難に直面するだろうと指摘する。さらに、部隊内に歩兵火器が大きく不足している点も挙げている。

モーデル大将は歩兵部隊を補充し、新型戦車のティーガーとパンター、それにフェルディナント重駆逐戦車に重点を置くようヒットラーを説得した。このほか、取り急ぎ装甲を強化したⅢ号及びⅣ号中戦車の倍増も計画された。このため、6月10日まで延期されていた『ツィタデレ』作戦の開始は同月半ばに先送りされ、それからさらに7月初頭へと延ばされていった。

この時点までにドイツ軍はきわめて狭い前線に、同軍にとっても前例のないほどの兵力を集中させていた。例えば、モーデル大将率いる第9軍の突撃部隊には戦車軍団3個（第ⅩⅩⅩⅩⅠ、第ⅩⅩⅩⅩⅥ、第ⅩⅩⅩⅩⅦ）と1個軍団（第ⅩⅩⅢ）が含まれ、約750両の戦車及び突撃砲、そしておよそ同数の火砲があった。それ以上の威容を誇ったのは、ホート将軍の第4戦車軍とケンプフ戦闘団から

12：1943年2月に赤軍部隊が奪取した直後のクルスク近郊の飛行場はこのようなありさまだった。ドイツ第52戦闘航空団第Ⅰ飛行隊の破壊され、また損傷した航空機の姿がはっきりとわかる。

12

13：ドイツ軍の空襲による爪跡。

抽出された南方軍集団攻撃部隊である。そこ（SS第Ⅱ軍団、第Ⅲ及び第ⅩⅩⅩⅩⅧ戦車軍団、ラウス軍団）には1,500両以上の戦車と突撃砲、800門以上の野砲があった。このほか、マンシュタイン元帥の予備として、約150両の戦車を持つ第ⅩⅩⅣ戦車軍団が控えていた。

ソ連軍防衛線の突破作戦に関する様々な案の中から第9軍司令部は次を選んだ——正面40km強の戦区に突撃の"鉄拳"を固め、ソ連軍の抵抗を打ち砕いて、オリョール〜クルスク鉄道線沿いにクルスクに急迫する。ところが、重要な鉄道網を守るソ連第13軍の前線でこそ、ソ連軍司令部は敵の打撃を予想していた。というのも、そこは戦車部隊の大量使用に最も適した場所だったからである。

中央軍集団の攻撃計画策定に当たり、ドイツ軍の参謀たちは定石を捨てきれなかった。ドイツ軍司令部の企図によると、この短所は来るべき戦いの奇襲性でカバーされるはずであった。戦車と航空機の大兵力の使用や意外性の効果といった要素が総体として、ソ連軍防衛線の迅速な突破を確実にするとされた。だがドイツ国防軍の一部の将軍と高級将校は、クルスクへの北方からの突入が失敗に終わる危険性がかなり高いと見ていた。

より手の込んだ計画を立てたのは南方軍集団である。その攻撃兵力が二つの比較的独立性の強い方面に、それぞれ正面約90kmの幅で展開することになった。この場所はクルスク弧状前線の北側に比べ、はるかに大戦車部隊の使用に適していた。主攻撃はドイツ第4

14：Bf109F型に弾薬を補給するドイツ軍地上員。F型はクルスク会戦のころには、ルフトヴァッフェの戦闘機部隊からほとんど姿を消し、G型に機材更新されていた。

戦車軍がオボヤーニ方面においてソ連第6親衛軍に対して発起し、助攻撃としては、コローチャ方面を守るソ連第7親衛軍の防衛をケンプフ戦闘団が突破することが想定された。

「軍集団司令部の見方によると、——マンシュタイン元帥は回想する。——これらの軍の用兵上の決定的な要素は、敵が作戦開始後すぐにハリコフの東方及び北東の強力な作戦予備兵力を戦闘に投入するだろうという状況にあった。クルスクを攻め、そこの敵兵力を隔離することと少なくとも同程度に重要だったのは、この攻撃を東方から接近中の敵の戦車及び機械化部隊から守り、迎撃するという課題であった。これらの兵力の殲滅もまた、『ツィタデレ』作戦の重要な目的であった」[4]。

　総じて指摘できるのは、1943年の夏季攻勢の中でドイツ軍司令部は独特なミニ電撃戦、あるいはドイツ軍自ら位置づけていたところの"ロシア軍後方への戦車襲撃"の準備を進めていたということであり、それによってソ連軍防御の最前線で戦闘が長引くのを避けることができるはずであった。次のように書いたイギリスの歴史家A・クラークに同感である——「電撃戦の古い公式——急降下爆撃機の襲撃、短い集中的な準備砲撃、歩兵の支援が付いた大規模な戦車攻撃——はまたもや、攻撃戦力の算術的増加ぐらいしか条件の変化を考慮せずに採用されることになった」[5]。

　『ツィタデレ』作戦の準備においてヒトラーとその将軍たちはも

ちろん、来るべき作戦に向けたソ連軍司令部の計画に関心を持っていた。彼らは正確なデータを持たないままに、赤軍の戦闘能力をあまり高く評価せず、大多数の部隊の装備が不十分である点を挙げていたが、ソ連軍司令部の作戦意図に関するイメージはなかった。確かにドイツ軍の書類からすると、各参謀部はオリョール・クルスク地区への大規模なソ連軍予備兵力の集結を、何よりもまず航空偵察によって知っていたであろう。

開戦後2年間に独ソ戦線のヒットラー軍は、1941年の6月に侵攻時の奇襲性と総動員によって獲得していた優位性の多くを失っている。それでもやはり、戦争初期にくらべて彼我の兵力バランスが変化したにもかかわらず、ドイツの軍事力は戦争を継続し、大規模攻勢作戦を遂行する大きな可能性を保っていた。この状況はソ連軍指導部も認めざるを得なかった。

戦争1年目の悲劇的事件や重大な敗北と甚大な犠牲、そして2年目の誤りと的外れは、ソ連の国家行政機関にとって無駄に終わったわけではなかった。国家防衛委員会と最高総司令部スターフカ、参謀本部、そしてスターリン自身が、2年間の経験から重要な教訓を汲み取り、過去の落ち度と誤算について然るべき結論を導き出していた［国家防衛委員会は1941年6月30日に創設された戦時体制下の全国家機関を統括指導する非常全権機関で、ソ連の国家元首I・V・スターリンを長とする；最高総司令部スターフカは戦時下のソ連軍最高指導機関で、当初は「最高司令部」、その後「最高総司令

15：工場で組み立てられるメッサーシュミットBf109G戦闘機［写真はクルスク会戦以降に撮影されたもの］。

部」、1941年8月8日からは「最高総司令部スターフカ」（スターフカは大本営の意味）へと正式名称を変え、ソ連軍最高総司令官I・V・スターリン、陸軍司令官G・K・ジューコフ元帥、海軍司令官N・I・クズネツォフ元帥、参謀総長A・M・ヴァシレーフスキー元帥によって構成される。ソ連軍最高指導部のこの独特な経緯を踏まえ、原語では固有名詞的に大文字で始まるスターフカという言葉の響きを遺した。したがって本書では最高総司令部＝スターフカでもある］。その結果、彼我双方の兵力と潜在的可能性の評価がより現実的なものとなり、戦略計画や部隊指揮、攻守両方の大規模作戦の準備及び実施のレベルが向上した。

　当初の計画では、1943年の夏に赤軍は攻勢に転じ、主攻撃を南西方面に向けるはずであった。このような意見は、とりわけヴォロネジ方面軍司令官のN・F・ヴァトゥーチン将軍が主張していた。ソ連軍司令部は、全体的には兵力と兵器でドイツ国防軍に対して優勢であるとの見方に立っていた。しかし、敵に関する様々な情報が入ってくるにつれて、ソ連軍最高総司令部と参謀本部は計画的防衛に移行する考えに傾き始めた。これにこだわったのはA・M・ヴァシレーフスキーとG・K・ジューコフの両元帥で、彼らはクルスク突出部にあって、4月8日に最高総司令部宛に次の内容の報告を送った──

「敵は大規模な予備兵力が限られているため、1943年の春と夏の前半はもっと狭い前線で攻勢活動を展開し、任務の遂行は厳密に各段階ごとに進めざるを得なくなるであろう。ヒットラー軍は主攻撃の矛先を中央、ヴォロネジ、南西の3個方面軍に向け、この方面のわが部隊を壊滅させ、最短ルートでモスクワを迂回するための行動

16：パイロットの出陣を祝福するH・ゲーリング国家元帥。

17：飛行中のハインケルHe111爆撃機の航法手。

の自由を獲得しようとするだろう。敵は戦車師団と航空部隊に期待を寄せている」[6]。

　報告の中でジューコフはこう強調する——「敵の機先を制する目的で近日中にわが部隊が攻勢に転ずるのは、理にかなわないと思われる。それよりは、わが防衛線にて敵を疲弊させ、敵の戦車を叩き、その後から予備兵力を投入して全面攻勢に移り、敵の主力を最終的に仕留めることが良いであろう」[7]。

　こうした提案を元にジューコフとヴァシレーフスキーは4月12日に、危険方面における予備兵力の集中とステップ軍管区を基幹としたステップ方面軍の創設に関するスターフカ訓令案を作成した。スターリンはその文書を承認し、これに基づいてソ連軍司令部の防衛措置が数カ月間にわたって講じられていった。しかし、もし敵が攻撃を長期間延期した場合、ソ連軍部隊が自ら攻勢に転ずるケースも除外されなかった。以上を前提にして、各方面軍の司令官は5月の末に最高総司令部に対して1943年夏季作戦の行動に関する提案を提出した。

　最高総司令部の企図によれば、クルスク突出部の地区にはソ連軍部隊のきわめて大規模な集団が形成され、夏の初めまでにこの550kmの前線（独ソ戦線全体の13％）には、戦略予備を含む全軍の将兵の約28％と砲及び迫撃砲の24％、戦闘用航空機の33％以上、戦車の

46%以上が集中していた〔8〕。オリョール～クルスク方面並びにベールゴロド方面には、最高総司令部スターフカ予備の大半を向かわせることも考えられた。

　この間ずっと、中央方面軍とヴォロネジ方面軍においては防衛態勢の向上と予備兵力集結の作業が集中的に進められた。また、3本の軍防衛帯と2本の方面軍防衛帯の構築にも膨大な努力が注がれ、それらの縦深は130～190kmに達した。両方面軍とも戦車軍団や機械化軍団、その他の強化兵器によって相当に補強された。開戦以来はじめて、K・K・ロコソーフスキー、N・F・ヴァトゥーチン両方面軍司令官は防御の安定性を高めるために戦車軍を各1個受領することができた。

　5月と6月の間中ソ連軍部隊は来るべき戦闘に向けて集中的に準備し、弾薬と燃料を備蓄していった。オリョール・クルスク弓形前線地区の兵力比は週を追う毎に赤軍の優勢へと変化していった。作戦前夜の赤軍のこの方面における優位は、兵員と戦車でほぼ2倍、火砲と迫撃砲では3倍以上となった〔9〕。この"無敵艦隊"と、ほぼ同じ威力を持ちつつ主攻撃戦区ではある程度の兵力・兵器の優勢を確保したドイツ国防軍部隊との激突は、前代未聞の壮絶さと規模の戦いを予感させるものとなった。

18：クーイブィシェフ第18航空工場は恐るべきⅡ-2襲撃機を何百機も送り出していた。写真では工場の作業班が製造番号1878514番機の爆撃装置の作動を検査している。

工業生産力と航空部隊の編制

ВОЗМОЖНОСТИ ПРОМЫШЛЕННОСТИ, СОСТАВ АВИАЦИОННЫХ ГРУППИРОВОК

　クルスク戦線における航空兵力は1943年の7月までに独ソ双方とも大幅に強化された。ソ連軍の約3,900機（第2、第16、第17各航空軍／中央、ヴォロネジ、南西各方面軍の後方を守る防空軍航空隊／この方面に投入された長距離航空軍部隊）には2,300機のドイツ軍機が対抗していた。つまりソ連側は航空機の数の点で、予備を除いても敵の1.7倍も優勢であったことになる。なかでもブリャンスク方面軍第15航空軍とステップ軍管区第5航空軍、その他個々の航空部隊は会戦に向けた訓練を終えていた。

　赤軍航空兵力の数量的優位に決定的な役割を果たしたのは、もちろんソ連の航空産業である。ソ連航空産業はかなりな成果を上げ、依然として総合的指標ではドイツの航空産業を超えていた。過酷な航空機出荷計画は概ね遂行されていた。1943年第2四半期のソ連の航空機生産は表1-1のとおりである〔10〕。

　約1,000機が1四半期中に次の巨大航空機製造企業によって生産されている――第1及び第18工場（イリューシン［注記参照］Ⅱ-2襲撃機）、第21工場（ラーヴォチキンLa-5戦闘機）、第153工場（ヤーコヴレフYak-7b、Yak-9戦闘機）。当時生産活動が最も秀でていたのは第1及び第387航空機工場（後者は複葉練習機U-2を生産）と、襲撃機用エンジンAM-38Fを製造していた第24エンジン工場

25

である。航空産業人民委員部はこの当時、"偵察機"（ペトリャコフPe-2爆撃機ベース）や"砲兵観測機"（Il-2ベース）、"練習機"（Yak-7、Il-2、Pe-2ベース）の派生型機を少量生産することに成功し、赤軍航空兵力の総合能力に肯定的な影響を及ぼしていた。

[注記：イリユーシンIl-2襲撃機については"イリューシン"と表記される場合が多いが、これは一旦英語でIlyushinと置き換えられたのに基づいた表記であり、日本語では"イリユーシン"とするのが原語により忠実である。また、同機の代名詞的に用いられる"シュトルモヴィーク"はそもそも、襲撃機を意味する普通名詞である。原語ではむしろ、同機は"イル"と略記・略称することが一般的である。ちなみに、ロシア語の人名や地名の表記にあたっては、アクセントのある母音を強く長く発音する傾向に基づいて長音記号の"ー"を当該箇所に挿入しているが、すべてについて機械的に長音記号を用いればよいというものでもなく、読み方によっては却って原語の響きから遠ざかることもある。総じて固有名詞を原語から別の言語の表記に置き換えるのは実は意外に難しく、議論の分かれるところでもあるが、とりあえず本書中の表記は現時点の訳者の試行錯誤の結果として受け止めていただきたい]

　制空権を巡る緊迫した戦いが続くことを想定したA・I・シャフーリン航空産業人民委員は、1943年6月に量産工場に対して戦闘機の日産量を50機にまで引き上げるよう要求した。新たな増産を達成する上で最も重要な要素は、航空機生産における労働コストの低下であるとされた。あいにくこの目標は、6月24日にかかる夜にドイツ軍航空部隊によってサラートフ第292飛行機工場を破壊されたために達成されなかった。この爆撃のために、航空部隊はYak-1戦闘機を全体でおよそ800機も受け取ることができなくなったからである。

　爆撃の主な影響はすでにクルスク戦の途中から現れていた。まだ春の時点では誰も戦闘用航空機の生産量が大きく低下することなど予想していなかった。航空機やエンジン、プロペラ、その他必要な機材の生産のテンポと安定を乱すものは何もないかのごとくに思われていた。とはいえ、赤軍航空部隊用航空機の補充生産が概ね実現

19・20：クーイブィシェフ市（現サマーラ市）での複座襲撃機［イリユーシンIl-2の複座型］の生産は1943年の春に大きく伸びた［写真20には「すべては前線のために、すべては勝利のために」の標語が見える］。

表1-1

機種/月	4月	5月	6月	全期間
戦闘機	1,164	1,174	1,056	3,394
襲撃機	1,020	1,005	813	2,838
爆撃機	372	407	322	1,101
戦闘用全機種	2,556	2,586	2,191	7,333
航空機全機種	3,008	3,031	2,598	8,637
戦時採用機数	3,079	2,867	2,433	8,379

注：戦時採用機とは、平時の採用条件よりも緩やかな戦時採用基準に合格、採用された航空機のこと。

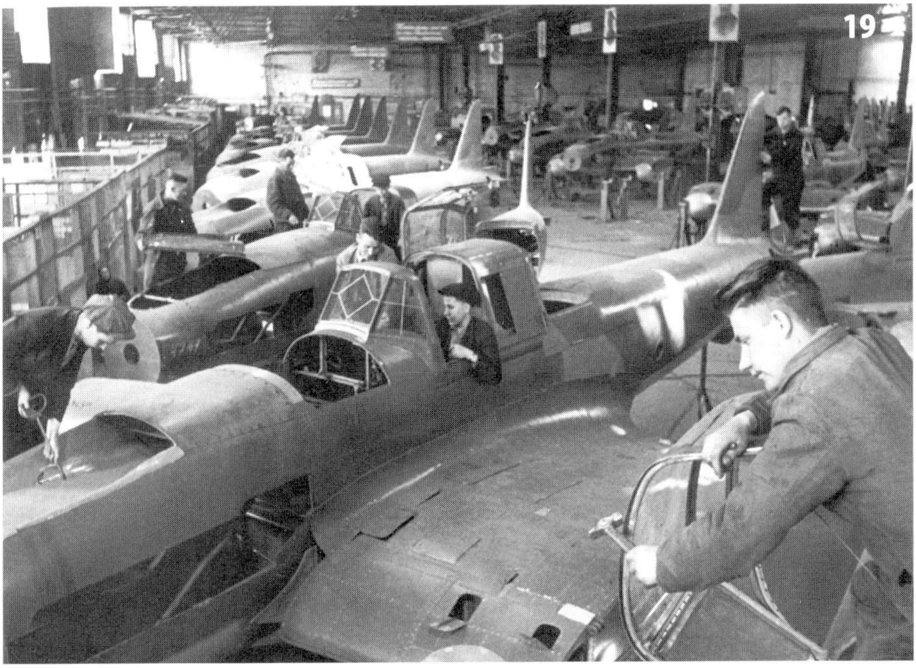

19

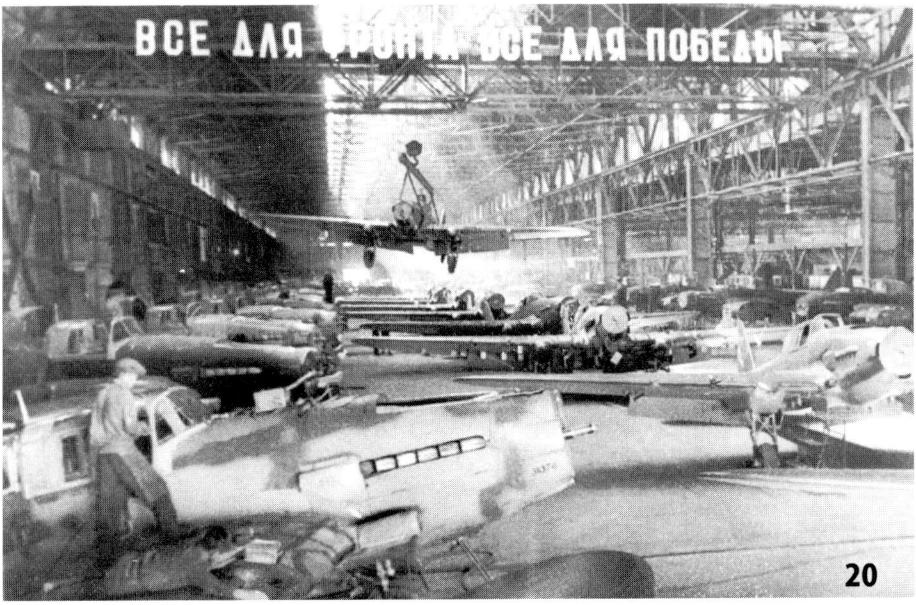

20

されたことは、この間の損害分を回復するのみならず、最高総司令部スターフカの予備戦力をますます増大させた。最高総司令部予備の航空軍団及び師団の創設は、各方面軍の最重要作戦実施時期における各航空軍の戦力を急速に拡大することとなった。

すでに5月には最高総司令部予備航空軍団10個の訓練が完了した。その過程でこれらの軍団はより"専門化"していった。混成軍団は徐々に戦闘航空軍団もしくは襲撃航空軍団に改編されていった。しかしこのプロセスはクルスク戦が始まるまでには完了せず、軍団の統一的な編制もまだ最終的には固まっていなかった。例えば、第1襲撃航空軍団は1943年6月22日に、他の軍団にはないような戦闘飛行師団を受領した。いくつかの襲撃飛行師団（例えば第299や第224襲撃飛行師団）は襲撃機連隊を各々5個擁し、戦闘編制の点では軍団レベルに近づいていた。

予備部隊の投入によって3カ月の間にクルスク突出部のソ連軍航空軍の航空兵力はほぼ倍増した。とりわけ強大な威容を誇ったのはS・A・クラソーフスキーとS・I・ルデンコがそれぞれ率いる航空軍である。まさにこれらの航空軍こそが、ドイツ軍攻勢転移時のルフトヴァッフェとの戦いで主役を演じるものと予想されていた。1943年7月1日現在の第2、第16、第17各航空軍の保有航空機数の内訳は表1-2に載せている〔11〕。

1943年春——それは長距離航空軍の歴史における重要な転換点となった。1943年4月30日に国家防衛委員会は、既存の長距離飛行師団11個を8個の航空軍団に拡大再編成する決定を下したのである。長距離航空軍司令官A・E・ゴロヴァーノフ将軍と同軍軍事会議［司令官、参謀長、政治部門責任者の軍事会議審議官からなる最高意思決定機関］の提案により、航空軍団の指導的ポストには最も有能で経験豊かな将軍と将校たちが推薦された。この当時の長距離航空軍には約700機の長距離爆撃機があったが、2カ月後にはその数が740機に増えている（内512機が可動機）。また、7月1日までに訓練された690組の長距離航空機乗員のうち626組が夜間任務を遂行する能力があった点も重要である。オリョール・クルスク戦の最初から、34個の長距離飛行連隊のうち26個連隊が参戦した。

表1-2

機種	16VA	2VA	17VA	合計
戦闘機	455/71	389/85	163/43	1,007/199
襲撃機	241/28	276/23	239/27	756/78
昼間爆撃機	260/14	172/18	76/2	508/34
夜間爆撃機	74/2	34/15	60/1	168/18
偵察機	4/2	10/8	—	14/10
計	1,034/117	881/149	538/73	2,453/339

注：左側は可動機数/右側は故障・損傷機数

21：ペトリャコフPe-8爆撃機への爆弾懸架作業。第二次世界大戦を通じてこの航空機が最も強力かつ最も爆弾搭載量の大きいソ連の量産爆撃機であり続けた。

22:ルジャーヴァ鉄道駅の対空防御。

　ドイツ軍の攻撃を撃退する準備において特に重要な役割を果たしたのは防空軍部隊である。ヴォロネジ・ボリソグレープスク、リャザン・タンボフ、ハリコフの各防空軍団区は、1943年の春にクルスク突出部後方の最重要目標を守っていた。ドイツ航空部隊への妨害は第101、第36、第310戦闘飛行師団のパイロットたちも行った。ルフトヴァッフェはソ連側の連絡網、とりわけ鉄道を破壊し、交通拠点と車両を使用不能にする試みを棄てなかったため、ソ連国家防衛委員会は一度ならず、この地区の兵力及び兵器の増強に向けた命令を発した。ヴォロネジ・ボリソグレープスク防空師団区は最も集中的な補充を受け、6月5日にはヴォロネジ防空軍団区に、また第101防空戦闘飛行師団は第9防空戦闘航空軍団にそれぞれ再編された（防空軍の編制単位である防空軍団区、防空師団区、防空旅団区はそれぞれ陸軍の軍団、師団、旅団に対応するが、各々の兵力の規模ではなく、国防にとっての重要性のレベルによって規定されるものであった。独ソ戦勃発当初はわずかにキエフ防空軍団区とバクー防空軍団区のみであったが、1943年にゴーリキー防空師団区が登場した。防空旅団区は最小単位であるが、例えば1941年にゴーメリ防空旅団区が編成されている）。

　6月末は中央方面軍とヴォロネジ方面軍の後方掩護に、高射砲連隊9個、独立高射砲大隊14個、高射機関銃連隊5個、照空灯大隊4個、VNOS連隊1個並びに大隊7個［VNOSは対空監視警報通信の露語略称］、独立装甲列車31両、その他の防空部隊が携わっていた[12]。

ここでは防空飛行連隊12個が280機の戦闘機と1機の偵察機でもって行動していた〔13〕。

後方から大量の航空機が供給されていたため、新たな部隊だけでなく、統合兵団（航空軍）を編成することも可能であった。例えば、第15航空軍は1943年5月初頭に全部で250機の航空機（U-2練習機を含む）を2個師団に分けて持っていたが、1カ月後には完全に航空軍へと変貌し、865機を保有するに至ったことを挙げるだけでも十分であろう。そして、航空部隊の物資補給と飛行場整備に多くの注意が払われた。また、無線通信網が拡充され、修理組織の数も増えた。これらすべてが、航空軍の首尾よい戦闘訓練を可能にしたのである〔14〕。

ドイツ軍司令部もこれに劣らぬ急テンポで大規模攻勢作戦に向けた航空部隊の準備と訓練を進めていた。ドイツ軍の文書からすると、1943年第2四半期の第三帝国航空産業は毎月2,000機強の各種航空機を生産していたといえる。例えば急降下爆撃機（ユンカースJu87急降下爆撃機は主に東部戦線で使用された）の生産量は1943年の3月には前年末に比べて倍増し、修理・再生した機体も含めると200機を超えた。各工場の繁忙操業のおかげで、航空戦闘・教導部隊の数を次第に増やしていくことができた。ドイツは3月末に総数6,434機を保有していたが、6月末にはすでに7,089機を数えた〔15〕。第二次世界大戦が始まって以来、ルフトヴァッフェの保有する航空機が初めて7,000機の大台に乗ったのである。しかし東部戦

23：ドゥーリン曹長指揮下の高射砲射撃班。

線で活動する航空機の数はほとんど変化せず、攻勢作戦前夜でも全航空兵力の半分に満たなかった。

　ドイツは航空産業の一定の成果にもかかわらず、複数の戦線で戦争を遂行しなければならず、また連合国側の圧力が増大してきたため、航空兵力を東部戦線と地中海と西ヨーロッパに分散せざるを得なかった。米英軍による第三帝国の都市部に対する空爆は強まり、ドイツ軍司令部は国土防空用に戦闘航空団1個を新設し、さらに東部戦線から戦闘飛行隊3個（メッサーシュミットBf109とBf110）を引き戻さねばならなくなった。極めて難しい情勢は、枢軸国が北アフリカを放棄した地中海地区にも生まれていた。ヒットラーの将軍たちは、連合国がイタリアを戦線から離脱させ、大陸上陸の準備を盛んに進めていることを疑いはしなかった。ルフトヴァッフェ参謀本部には事実上、東部戦線に派遣する予備兵力はなかった。そのため、クルスク地区の航空攻撃戦力を強化するのは、"現地の戦力"によるほかなかったのである。

　ただし、公平を期すために指摘しておかねばならないのは、春先にはすでにドイツ軍司令部は冬季戦闘、特にスターリングラードでの航空機の大きな損失分を回復し、戦略的制空権を巡る戦いを活発化させることができた点である。最も激しい戦闘はノヴォロッシースクとクラスノダールの間で繰り広げられたが、そこではほぼ2カ月にわたってかの有名なクバンの戦いが続いていた。1943年の冬の2カ月間にソ連軍の対空監視部隊は約4万機のドイツ軍機の上空通過を察知していたが、その後の2カ月間にはすでに7万2千機を上回り、同年5月はひと月だけで5万7千機以上の通過が認められた[16]。なかには、ルフトヴァッフェが2,500回の出撃（独ソ戦線全域）をした日も時々あった。これは、かつてドイツ本国に休息と補充のために引き揚げられていたり、新型機種へ換装された飛行隊が前線に戻ってきたおかげで可能となったものである。飛行隊編成の数量的推移は表1-3に示している[17]。

　このように46個中37個以上の飛行隊（もしくは約80％の部隊）がドイツ国防軍の攻勢を支援する用意ができていた。ドイツ軍司令部は必要な兵力の集中を達成するためには、東部戦線の翼部を大きく露出させ、実質的にすべての戦闘可能な戦闘飛行隊と爆撃飛行隊、地上攻撃飛行隊をオリョール・クルスク突出部の南北両面の根元部分に集結させるほかなかった。このことを理解するには次の事情を挙げれば十分であろう。タマーニに残ったのはわずかに、スロヴァキア部隊で強化された第52戦闘航空団第Ⅱ飛行隊のみであり（偵察機、夜間軽攻撃機、補助的航空機は除く）、レニングラード郊外で活動できたのは第54戦闘航空団第Ⅱ飛行隊の2個中隊に過ぎず、3つ目の中隊は6月末にスモレンスク周辺で編成された第4飛行師団

24：ベッソノーフカ飛行場に基地を移す第52戦闘航空団第Ⅰ飛行隊。1943年7月初め。

（司令官G・プロッヒャー将軍）の指揮下に入っていた。ドイツ軍はソ連空軍の攻撃が中央軍集団の北翼に向けられると想定し、そこへ航空兵力の一部を移動させ、脅威を解消させるつもりでいた。

6月半ばにはミウース川でルーマニア航空軍団の配置が始まった。それは第Ⅳ航空軍団戦区（ドンバス地方）の上空を掩護することになっていた。ドイツ軍はさらに、7月初頭にレニングラード北方におけるフィンランド空軍の活動を活発化させることも試みた。1943年の春に相当な水準までドイツ製航空機に換装していた枢軸諸国に対しては、当然ルフトヴァッフェ指導部の諸計画の中で目立った役割があてがわれることになる。特にハンガリーには明確な期待が寄せられていた。その第2飛行旅団（戦闘飛行隊1個、双発爆撃飛行隊1個、近距離偵察機及び遠距離偵察機各1個中隊、それに輸送隊1個、通信隊1個；指揮官イール大佐）は第Ⅷ航空軍団の麾下にあり、最初から戦闘に入らねばならなかった。スペイン義勇軍も忘れられていなかった。フランコ将軍は、従来どおり第51戦闘航空団のなかでボリシェヴェキと戦うことになる新たな18名のパイロットたちを激励した。とはいえ、ドイツの同盟諸国空軍のクルスク戦における役割を過大評価してはならない。

表1-3

飛行隊/日付	01/31	03/10	05/17	07/03 東部戦線計	『ツィタデレ』作戦投入分
爆撃機	15+2/3	14+2/3	16+2/3	16+2/3	13+2/3
急降下爆撃機	6+1/3	7	11	11+1/3	10+1/3
地上攻撃機	2	3	3	3+2/3	3+2/3
単発戦闘機	7+1/3	13	14+2/3	13	8+1/3
双発戦闘機	2+1/3	1+1/3	1+2/3	1+1/3	1+1/3
計	33+2/3	39	47	46	37+1/3

注：1. 1個中隊は1個飛行隊の3分の1に相当としている。
2. ドイツ側の資料にはしばしば、いわゆる『基本機種』のデータが載せられている。『基本機種』には爆撃機（KG）、急降下爆撃機（StG）、地上攻撃機（SchG）、単発戦闘機（JG）、双発戦闘機（ZG）が含まれる。

攻勢地区に集結した航空兵力は巨大であった。ドイツの歴史家E・クリンクのデータによれば、ドイツ第9軍の掩護は第6航空艦隊第1航空師団の730機が担当し、第4戦車軍とケンプフ戦闘団の攻勢は第4航空艦隊の1,100機を超える第Ⅷ航空軍団が支援することになっていた〔18〕。主計官の資料に基づいて、前記の統合兵団に入っていた飛行隊の数を計算すると次のような結果が出る——1943年6月30日現在の第1航空師団は738機、第Ⅷ航空軍団は1,043機の戦闘用航空機を保有した。

　その機種別内訳は表1-4のとおりである〔19〕。

　しかしながら、ドイツがこの作戦のために抽出した航空戦力は表に示された戦闘用航空機だけではなかった点も指摘しておく必要がある。両方の航空艦隊（第4、第6）の参謀部には大半の長距離偵察機部隊とすべての夜間軽攻撃機、グライダー部隊が直属していたからである。例えば第6航空艦隊の直接指揮下では次の部隊が行動していた——夜間戦闘機（4機）編隊1個と、東部戦線中央方面に派遣された第5夜間戦闘航空団第Ⅳ飛行隊（両方で夜間戦闘機は50機となる）、輸送飛行隊3個（I.,II./TG3, II./TG4）、第6航空艦隊輸送中隊（全部でユンカースJu52が167機）、衛生機、連絡機各1個中隊。『ツィタデレ』作戦に動員されたすべての航空機を計算すると、前線の北部と南部でドイツ軍が使用した航空機の数は1,100機をやや上回る（ハンガリー軍飛行士が乗る80機を除く）。

　東部戦線中央方面での航空兵力の拡充は最も急ピッチで進んだ。4月半ばにはオリョールとブリャンスクの飛行場に13個の各種飛行隊が駐屯していた（偵察飛行隊2個を含む）。「これらの部隊は、与えられた任務の遂行にはとても十分とはいえないだろう、——中央軍集団参謀部作戦課のある会議で指摘された。——それらの強化は差し迫った必要と見るべきだ」〔20〕。その結果、ドイツ軍司令部は第1航空師団の兵力を戦闘用航空機506機（1943年5月31日現在）から738機（同6月30日現在）にまで増強することができた。このとき、双発爆撃機と近距離偵察機はほぼ倍増された。

　とはいえ、ドイツの降伏までずっとそのポストにあり続けた第6

25：尾部をジャッキアップして整備中のメッサーシュミットBf109G。

表1-4

機種/兵団	第1航空師団	第Ⅷ航空軍団	合計
単発戦闘機	186	153	339
双発戦闘機	55	—	55
地上攻撃機	—	176	176
爆撃機	244	308	552
急降下爆撃機	165	231	396
偵察機	88	60	148
その他	—	115	115
計	738	1,043	1,781

注：『その他』の項目には第Ⅷ航空軍団の輸送中隊、衛生中隊、通信中隊、またハンガリー飛行旅団の約80機が含まれる。

航空艦隊参謀長のF・クレス大佐は、総司令部は航空団の人員と装備の補充に関する航空艦隊の要請をすべては満足させることができなかったと考えている。例えば、7月初頭においてもⅢ./KG1やI./KG27、Ⅲ./KG51、Ⅲ./KG53各飛行隊の人員はかなり少ないままであった。それでも精力的な措置を講じたことで、大半の飛行隊は編制定数に近い規模に引き上げることができた。

26：スターリノ市の第55爆撃航空団『グライフ』の指揮官たち。（左から右に）H・H・ネッデル大尉、O・フォン・リンジンゲン中佐、E・キュール大佐（航空団長）、W・クヴァイズナー中佐、H・K・ヘッファー大尉。1943年3月末。

航空司令部の企図
ЗАМЫСЛЫ АВИАЦИОННОГО КОМАНДОВАНИЯ

　ルフトヴァッフェの用兵計画はツィタデレ作戦全体の計画とともに練られていった。4月12日（総統のツィタデレ作戦基本承認前）の時点で、中央軍集団参謀部では東方航空軍司令部（1943年6月12日に第6航空艦隊に改編）に課された任務が検討されていた。爆撃機部隊に対して陸軍司令部は、モスクワの南の地区からエレーツとカストールノエを経てクルスク地区に至る、ソ連軍補強部隊の計画的な鉄道派遣を可能な限り妨害するよう要求した。戦闘機部隊と対空砲部隊には、ドイツ軍部隊の集結、展開地区に信頼できる対空防御を整えることが委ねられた。

　ツィタデレ攻勢作戦発動の前日までには、ウズロヴァーヤ駅〜エレーツ駅〜カストールナヤ駅〜クルスク駅の各地区の駅舎と小さな鉄道施設を破壊して、鉄道の運行を麻痺させる手はずであった。その後はリーヴヌィにあるソ連軍の、ドイツ側資料にいうところの中央補給基地を破壊する必要があった。そして作戦発動とともにソ連軍予備部隊の接近を妨害しつつ、友軍攻撃部隊（第ⅩⅩⅩⅩⅦ戦車軍団）を最大限支援することが要求されていた。その際に必須条件とされたのは、「クルスク地区の敵空軍基地を事前に破壊して攻勢地区上空の制空権を獲得すること」であった〔21〕。

　これと多くの類似点が、攻勢南翼における航空部隊の戦闘準備にも見られた。第4航空艦隊参謀部は6月末に第Ⅷ航空軍団に命令を送り、その中でこういっていた──「主任務は、攻撃部隊上空の制空権獲得と第4戦車軍並びにケンプフ戦闘団に対する最大限の支援である。とりわけ、SS第Ⅱ戦車軍団突破戦区上空での兵力集中に注意を払わねばならない。すべての兵団は爆撃機兵団も含め、戦場の戦術目標に対して行動し、強力な防御拠点や砲兵集結拠点を破壊しなければならない。鉄道車両や自動車への攻撃は、敵の大規模兵力が移動している場合のみとする」〔22〕。

　東部戦線での新たな航空攻勢作戦の策定に特別な役割を果たしていたのは、ルフトヴァッフェ参謀総長のH・イェショネクであった。彼の見方では、ドイツ空軍の主な努力はまさに戦場上空の活動に向けられねばならなかった。訓令の中で次の状況を指摘する必要があると彼は考えた──

　1. 赤軍航空兵団は過去最近尋常ならざる威力を蓄積し、人員はより良い教育を受けるようになり、より高い士気を持ち、大規模攻勢活動への用意ができている。
　2. オリョール・クルスク前線北面でロシア軍の大規模攻勢が予想されることから、クルスク地区への圧力を弱めずにこれらの攻

27：農村からの寄付金で製造され、機体に『クルスクのコルホーズ員』と書かれたヤーコヴレフYak-9T戦闘機を受領する第293戦闘機連隊の少尉。同連隊はこのような名称を冠した機体をクルスク戦の終結後に受領した。

撃に対抗すべく、ルフトヴァッフェの大兵力を瞬時に行動に投入する用意をしておく必要がある。

3. 第9軍攻撃兵団への航空支援は、とりわけ戦車師団など師団の数がようやく足りるような状態と砲兵部隊の不足を考慮すれば、その役割が顕著に高まっている。

4. ブリャンスク〜オリョール間の鉄道輸送が常時脅威にさらされ、攻勢部隊への補給が貧弱な道路網に左右されて困難であることから、諸部隊が好調に進撃する場合にはルフトヴァッフェが長距離砲の役割を演じなければならない〔23〕。

ソ連軍側の航空部隊戦闘使用計画は主に5月の末に防衛作戦全体の中で策定され、各航空軍司令官の命令という形でまとめられていった。基本的に第16航空軍と第2航空軍の両司令官の企図は多くの点で同じであり、異なるのは細部だけであった。両航空軍の参謀部はそれぞれ、敵の様々な主攻撃方面を想定した作戦を4件ずつ策定していた。

例えば、第16航空軍の戦闘使用計画はS・I・ルデンコ軍司令官と中央方面軍司令官K・K・ロコソフスキーがサインし、1943年5月21日にG・K・ジューコフ元帥によって承認されたが、これはソ連側防衛作戦の最初の4〜5日間の戦闘活動を規定するものであった。ドイツ軍司令部同様、ソ連軍司令部もまた航空部隊の全般的目的は、敵の攻勢を頓挫させ、敵部隊を殲滅する中央方面軍諸部隊

を支援することにあるとしている。その際の基本的任務は、制空権の獲得と敵の人員及び兵器の殲滅と破壊、ソ連軍部隊主力への上空掩護であった。

　最初に航空部隊の積極的な行動を展開させるのは、ドイツ軍が攻勢出撃態勢を整える時期に予定されていた。航空機搭乗員たちはドイツ軍の戦闘部隊と兵器の集結を（砲兵部隊と協同で）攻撃し、また前線飛行場を襲うことになっていた。ただし、後者のために割かれた兵力は小規模であった（第2親衛襲撃機師団と第6混成航空軍団より抽出）。ドイツ軍の攻勢発起後は、日中は各12～30機編隊の戦闘機パトロール部隊によって地上防衛部隊を守り、敵の主攻撃方面特定直後に対敵攻撃を実行する友軍爆撃機及び襲撃機の活動を掩護することが想定されていた［24］。ただし、先の襲撃機部隊と爆撃機部隊の出撃予定表は非常に細かく作られており、それが地上の状況の変化への柔軟な対応を許さず、やがて否定的な影響を及ぼすことになる。

　作戦計画書類の中で注目されるのは、戦闘機の任務遂行の負荷が1機1昼夜当たり3～4回の出撃、爆撃機と襲撃機は2～2.5回となっている点である。作戦最初の5日間の第16航空軍の損害が保有機総数の20％に上る中で、全体の負荷は6,800～8,400回の出撃になったと見られる。その後の展開が示すとおり、参謀将校たちは自らの力と可能性について余りにも楽観的であった。

　これらの計画の中では、戦場のどこかの戦区で危機が発生した場合の第16、第2、第17各航空軍間の連携行動も重要な位置を占めていた。防衛作戦においてとりわけ緊密な連携を予定していたのはS・A・クラソーフスキー将軍（第2航空軍）とV・A・スジェーツ将軍（第17航空軍）の指揮下の者たちであった――状況次第では180機を隣の航空軍の補強に出し、900回を超える出撃をさせることが想定されていた。さらに飛行場の機動も検討されていた［25］。しかし、話は先回りするが、クルスク戦においてソ連軍司令部は各航空軍が"他所の"前線での効果的な活動を確実にすることはできなかった。

28：Pe-2爆撃機の新型が部隊配備されたのはクルスク戦の前夜であった。エンジンの単排気管［それまでは集合排気管］がよくわかる写真。この型の機体は第34爆撃機連隊に多く支給された。

29：M-82空冷エンジンを搭載したPe-2の傍に立つ第99親衛偵察機連隊の搭乗員。M-105PFエンジン搭載機と異なり、このような機体は少数が生産され、主に偵察機部隊で使用された。

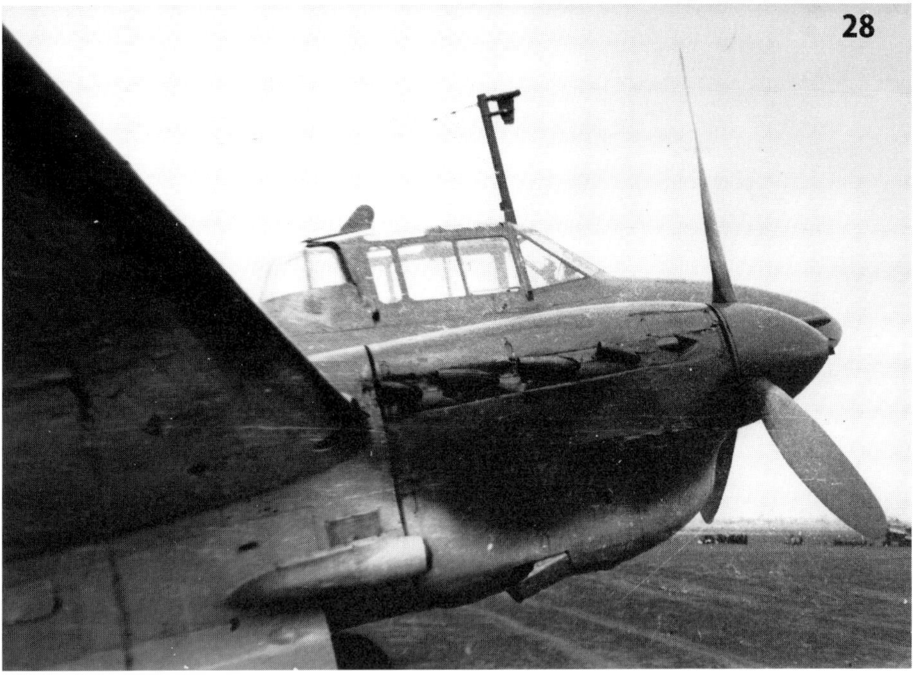

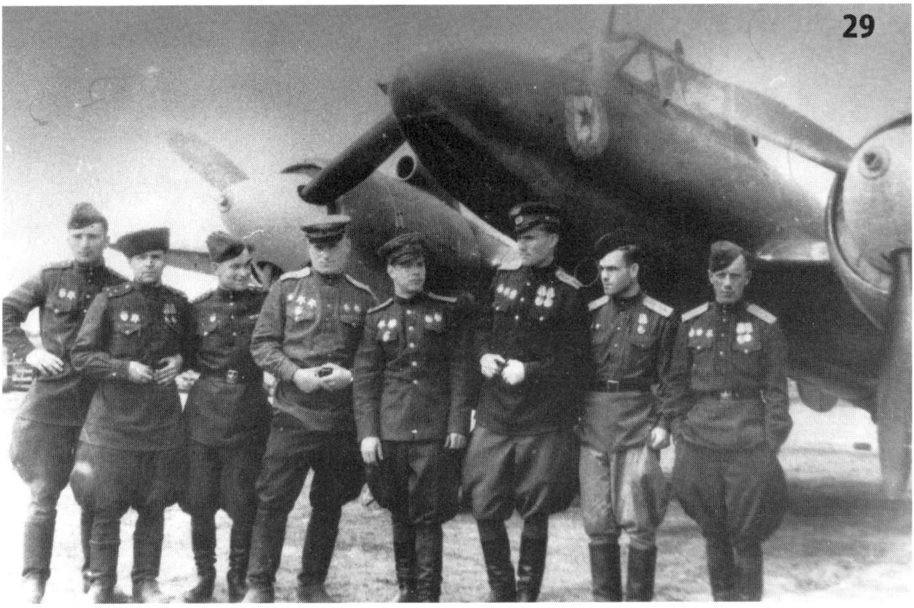

30：ドイツ軍の輸送隊に対するソ連軍の空襲。爆発する機関車と炎上する連結車両が見える。

制空権をめぐる戦いと工業・輸送拠点への空襲
БОРЬБА ЗА ГОСПОДСТВО В ВОЗДУХЕ, НАЛЕТЫ НА ПРОМЫШЛЕННЫЕ ЦЕНТРЫ И КОММУНИКАЦИИ

　ここでクルスク戦が始まる前の航空部隊の用兵の特徴を概観しておこう。1943年の春、特に航空機の数の点で強化されたソ連空軍に最高総司令部スターフカが与えていく任務は規模が拡大していった。その一方で、ソ連各航空軍の報告書からは、少数のドイツ軍部隊が（4月末から5月初頭のルフトヴァッフェは主力をクバーニ地区に集中させていた）、主に"フリーハンティング"［独・フライヤークト（Freijagd）＝自由索敵攻撃］戦術を用いてソ連軍航空部隊に大きな損害を与えていたことがわかる。

　ソ連軍司令部は、ドイツ軍が兵力を前線全域にわたって広範に機動展開させている点を指摘していた。ルフトヴァッフェ部隊を大きく弱体化させるために、5月と6月には2つの航空作戦（各3日間）が実施され、その過程ではセーシチャとボーロフスカヤ（北部）からスターリノとクテイニコヴォ（南部）までにあるドイツ軍の飛行場が空襲にさらされた。ソ連の航空軍6個と長距離航空軍の飛行士たちは3,000回を超える出撃を行った。ソ連軍司令部は空襲の成果をかなり良好と評価していたが、ドイツ軍の関係書類にはこのような過剰に楽観的な評価を下す根拠は見当たらない。

　ともあれ、ドイツ軍が蒙ったある程度の損害については、捕虜と

なった飛行士たちが伝えている。セーシチャ飛行場の建物が破壊され、オリョール地区の格納庫や対空陣地、照空灯、航空機が叩かれたことが判明した。例えば、第11長距離偵察飛行隊第4中隊（4.（F）/11）に所属し、撃墜されたH・メクツ飛行兵曹長は尋問にこう供述している──「ソヴィエト空軍のオリョール中央飛行場に対する5月6日の爆撃の結果、多数の航空機が全焼し、損傷した。わが中隊だけでも3機のJu88を失った」[26]。しかし、5月半ばにはドイツ空軍の活動が顕著に活発化したため、これを飛行場において制圧することはできなかった。

　ドイツ軍の鉄道輸送と自動車運行を麻痺させることもソ連空軍の最重要任務であった。この任務がとりわけ集中的に実行されだしたのは、1943年5月4日に最高総司令部スターフカが各航空軍の"フリーハンティング"行動圏を規定する訓令を発出してからである。ソ連軍機搭乗員たちの活動の主な対象となったのは機関車や鉄道車両、自動車、馬車である。瞬発式爆弾のほかに時限式爆弾も広く使用された。第2及び第16航空軍の飛行士たちの報告からは、彼らが前線沿いの地帯で2カ月の間に約2,000回の出撃を行い、6個の輸送団と機関車7両、260両に上る鉄道車両、それに自動車120台以上を破壊したことが分かる[27]。またこれと同時に、長距離航空軍は1943年の春に前線から遠く離れた輸送網に対する組織的な攻撃を繰り返していた。

31：ラーメンスコエ野戦飛行場に並んだ第746長距離飛行連隊、V・M・オーブホフの搭乗員。

1943年3月初めの時点ですでにソ連軍司令部は長距離航空軍司令部に対して、敵の輸送網と鉄道拠点を組織的に攻撃する任務を課していた。ソ連軍長距離爆撃機の主目標はブレスト、ゴーメリ、ウネーチャ、ブリャンスク、オリョール、ハリコフ、ポルターヴァ、その他の大きな鉄道拠点であった。クルスク戦に先立つ3カ月間に空襲を受けた鉄道駅は25箇所以上で、そのために長距離航空軍が実行した出撃は1万回を超えた。これに加えてさらに2,325回の出撃が中間的な鉄道拠点と駅を目標にして行われた。夜間長距離爆撃機の搭乗員たちが特に執拗な行動を見せたのは次の大拠点を破壊する際であった──オリョール（出撃2,325回）、ブリャンスク（2,852回）、ゴーメリ（1,641回）〔28〕。

　「オリョールとブリャンスクの主要鉄道拠点は実質的に毎夜、ロシア空軍によって叩かれた、──このようにドイツ側の記録には指摘してある。──それによる弾薬と物資の損害はすぐに影響を感じられるようになった。なぜならば、今や鉄道は第2戦車軍だけでなく、ツィタデレ作戦の準備をしている部隊のためにも働いているからだ。オリョールでは100万食分の糧食を積んだ列車が直撃弾を受けて全焼した。燃え広がった炎は、中身を分散して地下保管庫に移すのが間に合わなかった食糧庫を焼き尽くしてしまった」〔29〕。

　ドイツ側の資料はまた、ブリャンスク市の東部外縁地区で大きな弾薬庫が爆破され、ブリャンスクの鉄道ターミナル駅は午前零時ごろ（夜間鉄道運行の最も集中する時間帯）に効果的な爆撃を一度な

32：女性たちはしばしば男性に代わって地上勤務員の役割を担った。兵装員のマリーヤ・シチェルバチュークがShVAK航空機関砲の作動をチェックしている。

33：Er-2爆撃機の機首先端で銃座の位置につく爆撃手。

らず受け、貴重な物資を積んだ列車が炎に包まれたことも指摘している。セーシチャ駅は完全に破壊され、かなり長期間にわたってドイツ軍は列車をブリャンスクまで、あるいはポーチェプにさえ"押し出す"ことができず、貨物の積み下ろしはロースラヴリで行わざるを得なかった。そして貨物自動車と2～3個編隊の輸送機で進撃に必要な物資を目的地に届けなければならなくなったのである。その結果、中央軍集団の修理部隊はすべて主要な鉄道幹線沿いに配置され、鉄道をできるだけ速やかに復旧させ、鉄道の輸送負荷を最大限にするように図られた。それでもなお、5月はソ連長距離航空軍はロースラヴリ～ブリャンスク間の輸送を麻痺させることに成功した。

　ドイツ軍司令部が特に懸念を抱いたのは長距離航空軍とパルチザン部隊の連携行動であった。後者のドイツ軍輸送網に対する破壊活動は、白ロシア共産党中央委員会が1943年6月24日に、"線路戦争"手法による敵後方鉄道連絡破壊活動を開始する必要について決議を採択してから特に活発化した。だが、このような活動がナチス軍に深刻な損害をもたらすためには、通信連絡体制と一元的な指揮管理体制を組織し、前線の後背に大量の各種物資を定期的に輸送することが求められた。それらの輸送ができるのは航空機だけであった。
「パルチザン行動圏には定期的に航空機が飛び、しばしば着陸もし

た。航空機は敵の背後に武器と弾薬、爆薬、新聞、ビラ、手紙を届け、"本土"には傷病将兵と子供たちが搬出された」――このように、当時パルチザン運動中央本部全権委員だったE・T・マズーロフは回想している〔30〕。これらの容易ならぬ任務の遂行にとりわけ秀でていたのはV・S・グリゾドゥーボフ中佐率いる長距離航空軍第101飛行連隊の搭乗員たちで、彼らは一度ならずパルチザンたちから感謝された。

　ドイツ軍は非常に早く、これらの定期的飛行と背後へのソ連機の着陸が孕むあらゆる危険性を感じ取った。すぐに迎撃を試みたが、顕著な成果は挙がらなかった。そしてドイツ軍司令部は歯軋りしながら次の結論に至った――「ここには、ドイツ軍前線後背のパルチザンと前線前方の敵との間に、〔中央〕軍集団の補給に破滅的な影響をもたらす緊密な連携活動が存在するのは明白だ」〔31〕。

　ドイツ軍のこの評価は間違いではなかった。最高総司令部スタフカは飛行士とパルチザンの行動をしばしば連携させ、それが大きな効果を生み、敵に多大な損害をもたらしていたからだ。例えば、1943年5月10日の長距離航空軍のキエフ市（ドイツ軍南部部隊への物資補給は同市を通過）に対する空襲の結果、橋が一つ破壊され、市内の駅舎が大きな損傷を受けた。また、市内の劇場が大破して、パルチザンの報告によると、その瓦礫の下で3名の将軍を含む3,000名に上るドイツ軍将兵が死亡し、2棟の弾薬庫が破壊された。ドイツへ強制労働に送られるウクライナの青少年たちを乗せた輸送

34：前線の反対側にいるパルチザン隊員たちのところへ向かうU-2練習機、出発直前の場面。パラシュート降下要員が着座している。

団2個の警備は放棄され、自由を奪われていた者たちの大半は身を隠すことができた。市内に充満したパニックは大胆な潜入を行ったパルチザンに有利に働き、彼らは6つの橋梁を破壊して街道と鉄道の交通を4昼夜にわたって麻痺させた。キエフの鉄道ターミナル駅などはほぼ一週間も機能しなかった[32]。

とはいえ、ソ連長距離航空軍飛行士たちの不首尾な活動を物語る公文書資料もソ連の資料館に保存されている。戦闘任務の遂行中に第12親衛飛行連隊の飛行大隊副大隊長A・I・ボリーソフの搭乗機リスノフLi-2が撃墜された。パイロットは捕虜となることなく、パルチザン部隊に身を隠すことに成功し、それからしばらく経って"本土"に脱出させられた。その後彼は長距離航空軍第1飛行師団長宛に報告書を作成し、その中で観察したことを記した。ボリーソフは友軍の成果とともに不首尾な攻撃も目撃し、あるときなどは（音からしてPe-8から投下されたと思われる）爆弾がリュードニコヴォ・パルチザン旅団の野営地の中に落下したこともあった[33]。

多くのソ連軍飛行士たちの航法訓練が不十分で爆撃も精密さを欠いていたにもかかわらず、ドイツ軍の防空体制は夜間の襲撃に効果的に対処することができなかった。ドイツ側の資料によると、ドイツ軍の夜間戦闘機がオリョールとブリャンスクの両地区で4月から6月いっぱいにかけて撃墜できたソ連長距離爆撃機は30機だけであった。これは、出撃が単独の迎撃機によるものか、または小編隊によるものでしかなかったことや、信頼できる夜間誘導システムが欠如していたことが理由である。ドイツ軍が自ら指摘しているように、彼らの後方上空の状況は1942年の秋から次第に悪化し、翌年春のオリョール南方への兵力の戦略的集中の時期にはもはや耐え難いものとなっていた。

そこで、東部戦線の夜間戦闘機部隊を5個編隊（それぞれ8〜12機編成で、規模としては中隊に近かった）で増強する決定が下された。そのうちの2個はベルリン防空体制の下で使用されていたものである。こうして、第4および第6航空艦隊の夜間戦闘機編隊（1943年5月31日現在の両艦隊の夜間戦闘機は26機を数えた）のほか、オリョールに基地を移転した第5夜間戦闘航空団第IV飛行隊も行動するようになった。ツィタデレ作戦前夜のドイツ軍部隊は2個の航空艦隊の中に全部で66機の夜間戦闘機を擁していたが、その大半がツィタデレ作戦に投入されたのだった[34]。

ルフトヴァッフェが極めて防衛的な任務のみに行動を限定していたと考えるのは正しくない。むしろ、夏季攻勢の準備時期にドイツ空軍は自らソ連軍の後方目標、何よりもまずクルスク地区の鉄道拠点と駅に対する活動を強化していたからだ。爆撃機部隊の主目標はクルスクのターミナル駅で、ドイツ軍は5月22日と6月2日にはこ

れを特に激しく叩いた。これらの波状空襲の最後のものは約一昼夜も続き、ドイツ空軍が大祖国戦争中に敢行したソ連後方目標に対する最大規模の空襲の一つとなった。

　ドイツ空軍の定期的な活動はソ連軍後方機関の任務遂行を難しくし、ソ連軍戦闘部隊のクルスク地区集結は困難な条件下で進められていた。中央方面軍とヴォロネジ方面軍への輸送は、部隊集結地区が中央補給基地から大きく離れ、また戦略的に重要なモスクワ～シンフェローポリ幹線（鉄道および自動車道）の一部がドイツ軍の手中に落ちていたことから、大幅に中断しがちであった。この当時きわめて重要な意味を持つに至ったのがカストールノエ鉄道ターミナル駅で、そこからは列車がクルスクとリゴフ（中央方面軍向け）、そしてスタールイ・オスコールとノーヴイ・オスコール（ヴォロネジ方面軍向け）に走っていた。

　前線付近の輸送網の重要性をドイツ軍はよく理解していた。ドイツ空軍は幾度も、ソ連軍部隊をクルスクの突出した前線に隔離する試みを執拗に繰り返した。それは、ドイツ軍がカストールノエ駅を16回、エレーツを18回、チェレミーシノヴォを10回、リースキと直近のドン河に架かる橋を15回も爆撃していたといえば十分であろう〔35〕。大規模な航空部隊（各20～25機）による攻撃は小規模な編隊や単独機の活動と組み合わされていた――爆撃機や地上攻撃機とともに、目標の空襲には戦闘機や爆弾を搭載した偵察機も参加した。

　このような中でドイツ空軍との戦いの矢面に立たされたのは、防空軍ヴォロネジ・ボリソグレープスク師団区部隊（指揮官はN・K・ヴァシリコフ将軍）と第101防空戦闘飛行師団（指揮官はA・T・コステンコ大佐）である。防空戦の準備に当たり、これら両兵団の指揮官たちは一連の重要な措置を講じた――対空哨所を新たに展開し、師団区内の各分区間の通信連絡体制（とりわけ無線通信）を改善、最新の電波探知局を含む戦力と装置を追加した。しかし相互に大きく離れている防御目標の大半は、守ることが難しかった。

　輸送網の主要な掩護手段は依然として高射砲であり、最重要目標（駅、橋梁）がある地区に集中していた。機動高射部隊も広範に使用され、通常それらは自動車に搭載された小口径砲と機関銃を含む部隊であった。その他に防空強化兵器となったのは高射装甲列車である。これと同時に、戦闘機は目標上空を哨戒飛行したり、飛行場に当直待機して目標の掩護を行っていた。

　防空軍将兵が挙げた数々の戦果に加え、ソ連の輸送網は数万人の少年少女や女性、老人の献身的な活動なくしては機能しなかったであろう。ドイツ空軍が何かの目標を破壊すると、彼らはすぐにその復旧作業に取り掛かった。個々のケースでは敵が次にどこを空襲す

35：ソ連長距離航空軍の一隷下兵団に所属するイリューシンII-4爆撃機が着陸進入する場面。

るかを事前に予想して、爆撃想定地区のすぐそばに当直復旧隊が必要な資材と道具を持って集結していた。そのため、鉄道運行の再開には2～3時間を要しなかった。

　クルスク突出地区の主要鉄道幹線の輸送能力は低下するどころか上昇し、クルスク戦前夜には一昼夜24本の列車が通過した。現在明らかになったところによると、2個方面軍の所属戦闘部隊へは作戦休止期間に3,572個の輸送隊（車両171,789両）を到着させることができた。その中には戦闘兵器を運んだ輸送団が約1,400個と資材を積んだ車両が約15万両あった〔36〕。ドイツ軍のパイロットたちは自動車輸送の動きも挫くことができなかった。

　これらの輸送の一部は航空部隊向けであった。とりわけ、高オクタン価燃料の補給に大きな困難が伴い、自動車輸送部隊の人員と車両も不足していたにもかかわらず、後方機関は燃料・オイルと弾薬の運搬を確実にすることができた。この成果は誰よりもまず、第2及び第16航空軍の後方担当副司令官であるV・I・リャプツェフ将軍とA・S・キリーロフ将軍に帰せられる。蓄積されたソ連軍側の資材は合計すると、10～15日間にわたって積極的な戦闘の展開を可能にするほどのものであった。さらに指摘しておかねばならないのは、両航空軍の活動地帯には地元住民の協力を得て154箇所の飛行場と約50箇所の欺瞞飛行場が建設された点である。方面軍の後方にはクルスク戦の直前に飛行場勤務予備大隊がいくつか編成され、同様な部隊の総数は50個を上回った〔37〕。

　ソ連の鉄道網や軍あるいは方面軍の後方をドイツ軍は主に日中に

36：スタールイ・オスコール〜ル ジャーヴァ間における鉄道支線の 敷設作業。

37：鉄道敷設中の道床バラス積み 下ろし作業。

38：ドイツ軍の空襲で破壊された鉄道道床を復旧する住民たち。

39：スタールイ・オスコール地区の前進建設隊への持ち回り赤旗授与式。これは、ある期間の作業実績（例えば1カ月間の線路復旧）が最も良かった建設隊に赤旗が授与され、次の期間にはまた別の優秀な建設隊に譲渡される報奨行事である。建設隊は民間人を徴用して編成された。

攻撃していたのに対し、ソ連領内の戦略目標は夜間に爆撃していた。6月4日から5日にかかる夜間に爆撃飛行隊11個の最もよく訓練された128組のドイツ軍飛行士たちは179tの爆弾をゴーリキー［ヴォルガ河中流の商工業中心地、現ニージニー・ノヴゴロド市］の製造所や工場、何よりもまず戦車を製造する自動車工場に投下した。6月の間、こことヴォルガ河沿岸の工業中心地（サラートフ、ヤロスラーヴリ）にドイツ空軍は大規模な夜間空襲を14回も敢行した。ソ連の公文書資料に指摘されているとおり、「戦闘活動指揮における一連の誤算により、……防空軍部隊の戦闘任務は完全には遂行されず、敵爆撃機の相当部分が目標に突入してきて損害を与えている」〔38〕。

　一方、このような長距離でリスクの高い襲撃におけるドイツ軍の損害も、西側で刊行された様々な回顧録にしばしば書かれているような小さなものではなかった。すでに6月6日の朝には5機の爆撃機が基地に戻らなかった。6月20日は、たとえばゴーリキーとヤロスラーヴリの上空で搭乗員4組が戦死した。ドイツ爆撃機が大きな損害を出すのは、後方中心地への襲撃に関係するものだけではなかった。1943年の6月半ばにドイツ本国に呼び戻された第3爆撃航空団第III飛行隊は、これに先立つ2カ月の間に20機以上のユンカースを失っていた。戦死者の中には騎士十字章を持つS・ユングクラウス大尉（飛行隊長、総出撃回数335回）、E・ファッハ大尉（同297回）、H・レーファー飛行兵曹長（同305回）もいた。とはいえ、クルスク戦

40：23㎜VYa機関砲の分解整備作業を行う襲撃機連隊の兵装員。

41：野戦飛行場の単座型Il-2襲撃機。後方に防御銃座はなく、単座型では胴体上面に張り出したキャノピーが特に目立つ。このタイプの機体は1941年から1942年にかけて生産された。

の前夜に大半のドイツ軍飛行士たちの士気を打ち砕いたとするのは言い過ぎであろう。この時期は多くのドイツ軍捕虜たちが尋問のときでさえ、ドイツの最終的な勝利を確信する言葉を口にしていた。

ドイツ国防軍司令部は将兵の士気とモラルを高い水準に維持することに大きな注意を払い、対敵イデオロギー戦争も止めなかった。1943年の春にドイツ軍機はソ連軍後方地区上空でビラの大量散布に着手した。これらのドイツ軍機がもっとも頻繁に越境した前線は第4野戦軍部隊の上空である。その結果、ソ連軍部隊配置地区には春に52万枚ものビラが投下された。この大規模な行動は『ジルバーシュトライフ（銀の帯）』と呼ばれた（たとえば5月だけでも中央軍集団の前線の反対側には、ロシア語の新聞や雑誌を除いても3,200万枚の宣伝ビラが撒かれた）。

ツィタデレ作戦の発動までにドイツ軍は、ドイツの戦闘マシンへの抵抗には未来がないことを敵に信じこませ、威嚇しようと試みていた。曰く、ソヴィエト権力の敵と自認する赤軍兵のみ、捕虜となっても厚遇されるのだと。ドイツ軍はプロパガンダ目的で初めて、ナチスとの協力に同意したA・A・ヴラーソフ将軍の名前を出し、とりわけ『なぜ私はボリシェヴィズムとの戦いに立ち上がったのか』と題する彼の宣言文を複写し、ソ連の軍人や民間人に知らしめようとした。1943年4月にこのビラをヒットラー総統やツァイツラー参謀総長、それに『東方住民』問題の解決を担当していたA・ローゼンベルク東方占領地域大臣も承認したことは興味深い[39]。

奇妙なことに、ドイツ国防軍の後方機関の者たちは前線にある者たちよりもはるかに憂鬱であった。攻勢の準備を進める中で前者は

甚大な困難に直面していたからである。ドイツ軍は広範な鉄道網や街道網、前線に平行する多数の軍用道路を、特にオリョール地区やブリャンスク地区に持っていたようだが、その形勢の利点を活用することができなかった——ソ連軍航空部隊の組織的な空襲とパルチザンの定常化した破壊活動がドイツ軍に深刻な問題を引き起こしていたのである。ドイツ国防軍の戦闘日誌には、「ブリャンスク周辺の主なパルチザン地区を鎮圧する」措置は「期待された結果をもたらさなかった」、と指摘されている。

　実は、攻勢を間近に控えたドイツ軍が中央軍集団の後方地区において懲罰作戦を特別実施していたのである。その過程では前線から外された歩兵兵団数個とともに軽夜間地上攻撃機中隊をはじめとする航空部隊も使用された。軽夜間地上攻撃機はこのとき昼間作戦に用いられた。しかしそれにもかかわらず、パルチザン活動の活発化が認められたのだった。ドイツ国防軍の戦闘日誌には、鉄道事故の件数は397件（1943年1月）から1,092件（同年6月）に、撃破された機関車の数は112両から409両に、また爆破された橋梁は22橋から54橋に増えたと指摘されている〔40〕。

　ドイツ軍司令部は、近いうちに輸送網の状況、特にオリョールとブリャンスク両地区の状況を大きく改善することはできないとの結論に至り、攻勢作戦の直前は、最重要の輸送には輸送機をより広範に使用することとなった。ツィタデレ作戦の準備においては、第6航空艦隊の指揮下にクリミアと中央ヨーロッパから第3輸送航空団第Ｉ、第Ⅱ飛行隊と第4輸送航空団第Ⅱ飛行隊が到着し（各飛行隊はユンカースJu52輸送機をそれぞれ52機保有）、すでにこの地にあった輸送部隊を補強した。

　輸送機部隊の努力のおかげで6月末には攻勢の準備が完了した。報告書類からすると、ドイツ第1航空師団の弾薬備蓄（爆弾、砲弾、銃弾）は大規模戦闘約10日分に足りるものとなったようである。燃料事情はこれに劣り、6月に要求されたB3航空ガソリン8,634tのうち、ドイツ軍の補給機関が届けることができたのは5,722tでしかなかった。また、何よりもまずフォッケウルフFw190戦闘機に必要なC3高オクタン価燃料は、要求された1,079tに対し到着したのは441tであった。第27空軍管区参謀部は地上勤務員たちに対して、「厳しい補給状況を改善すべく努力を倍加する」よう要求した〔41〕。同じような光景は前線南翼でも見られた。そこでルフトヴァッフェの補給に当たっていたのは、第4航空艦隊所属の第25空軍管区であった。

42：航空部隊による攻撃。シュトルモヴィークによって粉砕されたドイツ軍の行軍縦隊［火砲から見て、実際にはソ連砲兵と思われる］。

42

独ソ両軍の航空機と評価
САМОЛЕТЫ ВОЮЮЩИХ СТОРОН И ИХ ОЦЕНКА

　東部戦線におけるルフトヴァッフェの兵器発達の全般的傾向は主要機の漸次改良を特徴とし、武装と装甲の強化、無線機などの近代化装置の導入（とりわけ超短波の周波数で機能するもの）、そしてより強力なエンジンの装備を追求していた。ドイツ軍は新型機をツィタデレ作戦の直前や過程で採用することはなかった。

　1943年の夏に第Ⅷ航空軍団所属の戦闘航空団はメッサーシュミットBf109G-2およびG-4、それに改良型戦闘機Bf109G-6（第52戦闘航空団第Ⅰ飛行隊はツィタデレ作戦前夜にこの改良機を完全装備する最初の部隊となった）を追加された〔42〕。3月に向けて完全にフォッケウルフ機に換装した第51戦闘航空団隷下飛行隊のパイロットたちは、この航空機によく慣熟し、その長所をうまく活かした。6月末には、装備の大半を占める機種はフォッケウルフFw190A-5となった（それまでの機種は徐々に後退していった）。武装がより強力なFw190A-6をドイツ軍が最初に投入したのは7月に入ってからのことで、ツィタデレ作戦計画に沿って攻勢前線北面上空の制空権獲得を目指した戦いにおいてであった。メッサーシュミットとフォッケウルフがどのソ連機にとっても、特に襲撃機と爆撃機にとって危険な敵であったことは間違いない。

　東部戦線の双発爆撃機の主要機種はハインケルであり続けた。飛行隊の編制には決まって各種の派生型機が含まれていたが、最も広範に使用されたのはHe111のH-6とH-11、H-16である。3個のユンカース飛行隊にはJu88のA-4ならびにA-14の爆撃機型とともにJu88C-6重戦闘機（ドイツ軍はこれを鉄道連絡や自動車輸送に対する攻撃に広く使用した）も配備されていた。主翼を20㎜砲で武装したユンカースJu87D-5の最初の5機は、夏の初めに第2急降下爆撃航空団の1個飛行隊に追加配備されたが、中心機種はJu87D-1とJu87D-3であり続けた。

　ドイツ軍の近距離偵察機は激しい抵抗に直面したため、ドイツ軍司令部はやむなく既存機種に加えて単座式メッサーシュミットを使用することとなった。とりわけ、40機を超えるBf109G-4/U-3が春に第4近距離偵察飛行隊の機材として加わった。この部隊をドイツ軍はスターリングラードの"火鍋"で崩壊した状態から復活させることができた――攻勢作戦の前夜と期間中に同部隊は第9野戦軍のために活躍することになる。

　ドイツ空軍にはソ連空軍よりも多くの機種があった。最も機種が豊富だったのは夜間地上攻撃機部隊である。そこでは学校から"動員され"、急いで武装を施されたAr66、Go145、Fw58、JuW34と

43：デブリン=イレナに並んだ新品のフォッケウルフFw190。これらの機体はおそらく第1地上攻撃航空団に配備されたと思われる。

ともに、かなり旧式化したHe46やDo17、Hs126も使用されていた。これら旧型機も近距離偵察機と砲兵観測機の役割を担い続けた。基幹長距離偵察機は依然としてユンカースJu88Dであった。第100長距離偵察飛行隊第1中隊には高高度型Ju86Rと試作機Ar240Vがそれぞれ2機あった。

今までどおり戦列に留まっていたものの中には複葉機のHs123もあった。第1地上攻撃航空団第7中隊には同型機が16機残っていた。旧式機を特に多く装備していたのはドイツの同盟国である。オリョール地区に基地を持っていたスペイン軍は、Fw190A-2を含むフォッケウルフの初期型を使用していた。ハンガリー軍（ハリコフの飛行場に展開）はBf109F-4を使っていたが、これはルフトヴァッフェの戦闘機部隊からはすでにほとんど姿を消していたものだ（北部では第5戦闘航空団に初夏の時点で27機が残っており、その1カ月後になると"フリードリヒ"［F型の愛称］は13機を数えるのみであった）。

しかしドイツ軍もまた、クルスク戦の直前に工場のコンヴェアー

から降りたばかりの新しい航空機と一緒に、1941年〜1942年に製造された航空機も数十機使用し続けていた。それが一番顕著なのは重戦闘機部隊である──第1駆逐航空団第Ⅰ飛行隊には5種類のさまざまなメッサーシュミットがあった。このような多様さは兵器の整備に伴う問題をさらに増やしただけでなく、戦闘活動の組織を複雑にもした──新型のBf110G-2と使い古されたBf110D-3の最大速度の差は時速50kmを超えていたからだ。

双発メッサーシュミットの"基本"型のほかに、Bf110の対戦車型（37mm砲搭載）と偵察型（写真機2基搭載）も使用された。これらの機種は夜間戦闘機としても用いられた。その他さまざまな種類の航空機もドイツ軍はやはり夜間戦闘機として使っている。たとえば、第5夜間戦闘航空団第Ⅳ飛行隊の隷下中隊は装備が互いに大きく異なっていた（Bf110E/F/G、Do217J/N、Ju88Cが配備されていた）。また、第6航空艦隊の夜間戦闘機編隊では、夜間のソ連軍機迎撃用に応急で引き渡されたHe111HやJu88A、Ju88C、それにFw190Aが使用された。

ドイツ軍は東部戦線での地上攻撃機と対戦車攻撃機の発達に大きな注意を払っていたが、戦場の歩兵を効果的に支援するための専用機を開発するには至らず、既存機種を改良するにとどまった。中にはそのような作業が成功したケースもあり、戦闘機をベースにしたフォッケウルフ地上攻撃機の開発などがそうである。ツィタデレ作戦では前線の現場で生まれたFw190A-5/U-3や組立ラインから直送されてきたFw190F-3も使用された。フォッケウルフ地上攻撃機はかなり強力な装甲を持ち、パイロットとプロペラ・エンジン部分を銃弾や小さな破片から守った。

徹甲榴弾を発射するMK103対戦車砲を装備した、あまり優れているとはいえないヘンシェルHs129B地上攻撃機がベールゴロド方面で比較的広範に使用されたことは、ソ連軍司令部にとって意外ではなかったようだ。1943年6月の末に赤軍空軍参謀部情報課長のD・D・グレンダリ将軍はA・A・ノーヴィコフ元帥にこう報告していた──「ドイツ軍は航空機を使ったより効果的な対戦車手段の開発を試みている。最近、30mm砲MK101の前線への搬送が、その生産の大きな手間と遅れゆえに停止された。MK101の代わりにFlak37高射砲を装着されている機体もある。しかし、この砲は473kgもあるのでHs129で使用するわけにはいかない。この飛行機用には、弾薬基数30発のMK103砲改良型が現在導入されているようである。対戦車航空機には、歩兵火器から操縦席と特にエンジンを守る、信頼できる防護をドイツ軍は求めている」[43]。

報告書に指摘されているFlak37、より正確にはFlak18（BK3.7）はユンカース急降下爆撃機を対戦車攻撃機に変えるために使用され

44：ドイツ軍の新兵器──Flak18（BK3.7）37mm砲を翼下に装備するユンカースJu87G対戦車攻撃機。

45：工場からザポロージエ付近の前線飛行場にフェリー輸送されたヘンシェルHs129B地上攻撃機。

44

45

46：Ju87Gの翼下に装備された37mm航空機関砲の砲身を清掃するドイツ軍の地上員［37mm砲を装備したJu87Gの対戦車中隊2個が、第1急降下爆撃航空団と第2急降下爆撃航空団にそれぞれ配属された］。

たのである。この砲を主翼の下に2門装備したおかげでJu87G-1はいかなるソ連戦車をも破壊することができるようになった。しかし、この新しい派生型は操縦性能が著しく悪化してもいた。東部戦線でのJu87Gの使用はやむをえなかったのであり、投下した爆弾はたとえ急降下によるものであっても装甲目標の破壊が困難であるのを承知した上でのことだった。後に対戦車攻撃機がソ連軍戦車との戦いにおいて達成した成功は、パイロットの優秀な訓練の結果だと考えられる。そしてこれらの成功が広く喧伝されたのは、ヒットラー・ドイツのプロパガンダマシンの功績であった。

　さて、"スターリンの鷹たち"は何に乗って戦闘参加の準備をしていたのだろうか？　ソ連が戦争を始めたころの航空機の大半は1943年の半ばには実質的に"忘却の川"に沈んでいた［ギリシャ神話の黄泉の里にあり、亡者がこの川の水を飲むと自分の過去を忘れるとされる］。第2、第5、第15、第16、第17の各航空軍には

3～4種類の旧式化したポリカールポフ設計機（I-15bis、I-153、I-16）が残っていた。1941年の末に生産が打ち切られたMiG-3戦闘機が使用されていたのは、ほとんど防空システムの中だけであった——春の終わりには10機の可動ミグが第15航空軍第171戦闘機連隊の基地エレーツに残っていた。しかし、この連隊（指揮官はS・I・オルリャーヒン中佐）もクルスク戦の直前にラーヴォチキン戦闘機に乗り換えている〔44〕。

前線中央部にいた航空兵団には、LaGG-3、ハリケーン、トマホーク、キティーホークといった、独ソ戦線で良からぬ面が目立った機種は実質的になかった。これらの航空機は少数がかなりくたびれた状態で残っていたか、もしくはクルスク戦の前に戦力から外されていた。あとは、主に夜間に使用されたSB高速爆撃機と砲兵観測機の役をしていたスホーイSu-2爆撃機がほんのわずかだけ残っていた。

1943年夏のソ連軍前線航空部隊の中心機種はヤーコヴレフYak-1、Yak-7b、ラーヴォチキンLa-5の各戦闘機とイリユーシンIl-2襲撃機、ペトリャコフPe-2爆撃機であった。ソ連軍航空部隊の間では、スターリングラード戦で良く活躍したヤーコヴレフYak-9戦闘機が次第に普及していっていた。春にはソ連工業はこの有望な航空機の新たな2種類の派生型の生産に着手した——37㎜砲搭載型（Yak-9T）と主翼下に燃料タンクを2個追加した長距離型（Yak-9D）はクルスク戦で初陣を飾ることになる。S・A・ラーヴォチキン率いる試作設計局は強化型エンジン（M-82FN）を搭載したLa-5の新たな派生型を量産化したが、工場試験でしばしばエンジンのクランクシャフトが折れたため、各連隊ではこのかなり将来性ある戦闘機への機材更新開始が数カ月遅れてしまった。

その代わり、各部隊には複座式のイリユーシンIl-2襲撃機が次々と大量に配備されるようになっていった。同機には信頼性のより高いAM-38Fエンジンが搭載され、それは低オクタン価燃料での使用も可能であった。だが、単座式の機体をすべて更新することは間に合わず、第1及び第17航空軍を中心にいくつかの飛行連隊では"せむし"［大戦当時、Il-2を真横から見た形状を比喩して呼んだ名、ここでは特に単座型を指している］のイリユーシンが1943年の秋まで使用され続けた。春にはIl-2KRで飛ぶ砲兵観測機連隊の編成が始まった。爆撃機兵団には空力性能を改善したPe-2爆撃機が届けられていた。軽夜間爆撃機の役目からはU-2練習機が他の機種をほぼ完全に締め出していた。

各部隊には無線装置やループ型手動無線方位計、誘導装置の数が目立って増えていた。M・E・ベレージンの開発した大口径機銃はほぼいたる所で、効果の薄いシピターリヌイ・カマルニーツキー航

59

47

48

47・48：ヤーコヴレフYak-9D（写真47）とYak-9T（写真48）戦闘機が前線部隊に配備され始めたのはクルスク戦の直前であり、会戦開始後に両方とも部隊試験が行われることになった。Yak-9Dは機体内部に燃料タンクを追加した長距離型（Dal'nij＝ダーリニー）、Yak-9Tは37mm砲を搭載した重量化型（Tyazhelyj＝チャジョールイ）を意味する。

49：第4戦闘航空軍団の隷下部隊に到着した従軍カメラマンのD・G・ショーロモヴィチ。背景の戦闘機がラーヴォチキンLa-5。初期生産型でまだファストバックのため、コクピットからの後方視界に制限があった。

50：強化型エンジン（M-82FN）を搭載したLa-5の派生型、La-5FN戦闘機の傍で待機する第3親衛戦闘飛行師団第32親衛戦闘機連隊のパートフ上級中尉。1943年8月初め、ブリャンスク方面で撮影。

空高速機銃ShKASに取り替わっていた。ソ連国内で開発、製造されていた航空爆弾は相当豊富であったが、春には軽対戦車成形炸薬航空爆弾PTAB-2.5-1.5と超高威力のフガス航空爆弾FAB-5000が追加された。

　戦争は、通常のフガス爆弾［破砕爆弾］や榴弾は対装甲兵器戦に効果が小さいことを示していた。例えば、FAB-100フガス航空爆弾の破片が装甲を貫通できるのは中戦車から1〜3mのところで爆発した場合に限られており、それ自体が難しいことであった。そこで著名な起爆装置設計者のI・A・ラリオーノフが画期的な爆弾を提案すると、空軍司令部はすぐに興味を示した。軍人たちは爆弾の重量を10kgから2.5kgに減らすよう助言した。そうして、襲撃機1機の爆弾倉に搭載できる爆弾の数が大きく増え、当然、戦車を破壊する

51：優秀な兵装員で共産青年同盟員のマリーヤ・セルゲーエヴァがIl-2に弾薬を装填する。第16航空軍第874襲撃機連隊の兵装員たちは、献身的な働きでシュトルモヴィークの戦闘活動に支障をきたさないよう務めた。

52：写真51の裏に貼付されていた新聞の切り抜き。

確率も大きく高まったのである。

　PTAB-2.5-1.5の名称を与えられた新型爆弾のテストは1943年4月21日に成功裏に終了した。直撃の場合は厚さ最大70mmまでの装甲を貫通することが指摘されている。ソ連軍襲撃機の演習場における効果的な働きはスターリンの知るところとなり、スターリンの発意によって国家防衛委員会はPTAB-2.5-1.5を制式採用し、至急量産を命じた。同年5月15日までにこの種の爆弾を80万発製造することが求められ、この作業の遂行にB・L・ヴァンニコフ弾薬人民委員は即座に150社以上の企業を動員した〔45〕。7月5日に初めて使用された対戦車爆弾は、やがて繰り広げられる戦いで重要な役割を果たすことになる。

　1943年の初頭、N・I・ゲリペーリンの指導の下で弾薬人民委員部は、Pe-8爆撃機用の超大口径爆弾を5種類開発し製造した。4月に行われたテストでは、FAB-5000を搭載した爆撃機は正常に離陸し、操縦も他の爆弾を搭載した飛行機の操縦とあまり変わらないことが判明した。ただ、最大速度と巡航速度が空力性能の低下から時速10～15km落ちた。意外だったのは、爆発による破孔の大きさがFAB-1000のそれよりも小さかったことである。専門家たちはこれを、爆弾の構造の特徴と起爆装置の位置によるものと説明した。そして次のような結論を下した――FAB-5000の爆発衝撃波の水平性は大集落に対する爆撃においてきわめて重要な要素である。この点はクルスク戦の中でも活かされた〔46〕。

53：戦闘出撃任務遂行の準備が完了したIl-2。西部方面軍地区、1943年7月。

ペトリャコフPe-8爆撃機の爆弾倉の改造は長距離航空軍部隊内で行われた唯一の作業ではなかった。蓄積された経験を踏まえたさまざまな工夫の結果、多くの航空機の戦闘能力が向上した。長距離空襲への参加を確実にすべく、4月の末には第4親衛飛行師団所属の30機の輸入爆撃機ミッチェルに燃料タンクが追加された。2カ月後には第5及び第7航空軍団の84機のリスノフLi-2爆撃機にコックピットの紫外線照明装置が取り付けられ、6月末には同様の改造が最初のイリューシンIl-4爆撃機にも行われた。このときまた、いくつかの爆撃機（Li-2、Il-4）のエンジンに消火器を装備し、計器類には昇降計を含めることが決定された。

　ソ連とドイツの戦闘用航空機は一連の点で、前線を挟んだ相手と互いに違いがあった。例えば、ソ連空軍にとって戦場で行動する航空機の中核はIl-2襲撃機であったが、ドイツ軍において地上戦闘部隊と最も緊密な行動を取っていたのはJu87急降下爆撃機である。これらの飛行機の製造目的には共通点が少なく、戦術も大きく異なっていた。また、Il-4爆撃機は夜間爆撃機としては爆弾搭載量と防御用武装の点でHe111Hにやや劣るものの、最大行動半径では相手に勝っていた。Yak-9戦闘機は低空及び中空ではBf109Gと同様な性能を持っていた。戦争初期にルフトヴァッフェの航空機が持っていた優位点の相当部分をソ連側が無にすることができたのは確かである。

　しかし、ソ連の航空機がクルスク戦の開始までにドイツ機にそれ

54：超重航空爆弾FAB-5000。ドイツ軍の特に強大な防御施設を破壊するために使用された。

55：1943年の半ばにソ連空軍が使用していた小口径航空爆弾数種。
①航空破片爆弾AO-2.5sch1939年型
②正規航空破片爆弾AO-2.5sch1940年型
③正規航空破片爆弾AO-2.5-2 1940年型
④正規航空破片爆弾AO-2.5-3 1941年型
⑤正規対戦車航空爆弾PTAB-2.5-1.5
⑥正規航空破片爆弾AO-8m4 1938年型（76.2mmフランス型2式砲弾の本体がベース）。
正規とは航空機の正規な兵装となっている爆弾を示す。この他に旧式化して搭載指針に含まれていなくとも使用された①のような爆弾があった。

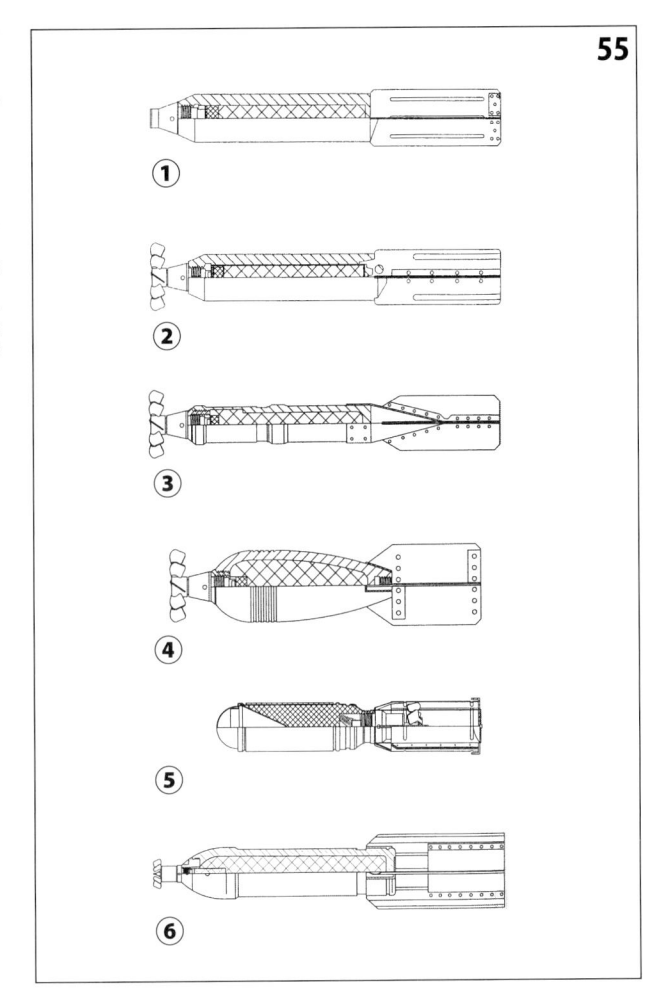

ほど劣らなくなっていた、とまでいうのは楽観的に過ぎるだろう。というのも、ソ連機はたいていの場合複合的な構造を持ち、全金属製のドイツ機よりはるかに安価であったが、安全性と耐久性と信頼性もより低かった。それは、1943年の春から夏にかけて数百機に上るソ連機が不測の故障を起こしたことによって、あいにく最も明瞭な形で証明されることとなった。

この衝撃的な事実はA・S・ヤーコヴレフの回想から良く知られるところである。著名な航空機設計者にして、当時航空機試作副人民委員であった彼は、主翼外板のひび割れと剥離が発生し、それが飛行中の亜麻布製胴体羽布剥落の原因となり、事故を引き起こしているケースが頻発していることを知ったスターリンが、どんなに激昂したかを思い返している。6月3日にクレムリンにヤーコヴレフ

56：修理のために取り外されたイリューシンⅡ-2襲撃機の主翼、木製構造の外翼部分。

ともう一人の副人民委員で量産を担当していたP・V・デーメンチエフを呼びつけた最高総司令官スターリンは、事故の原因を入念に調べるよう命じた。前線のパイロットたちが飛ぶのを怖がり出したということが判ったとき、憤懣やるかたないスターリンは航空産業人民委員部の二人の幹部を「最も腹黒い敵」だとして、「ヒットラー主義者」呼ばわりした〔47〕。

状況を細部にわたって調べた赤軍空軍司令官のA・A・ノーヴィコフ元帥と空軍首席技師のA・K・レーピン将軍は、基本的な責任は生産側にあるとし、生産される（木材が多用されている）複合構造飛行機の品質管理を労働者たちがなおざりにしたのだと指摘した。直射日光と湿度と大きな気温差の影響を受けて、接着が確実でない合板が翼から剥がれていったのだ。この問題は合板自体の品質と塗装作業のレベルが低いことによってさらに悪化した。また、生産上の欠陥は時折、空軍実施部隊の技術要員の作業が不十分で、技術部門幹部がしかるべき監督を行わなかったことで、もっと深刻化することもあった〔48〕。

深刻な欠陥が発見されたのはヤーコヴレフの戦闘機だけではなかった。ソ連の航空産業は木製の翼を持つ襲撃機の生産に移ったため、それも至急検査する必要が出てきた。第16航空軍隷下部隊だけでも、検査は翼の骨組からの外板剥離を9件明らかにした。その後検査していた技師たちは、最悪の状態は第30工場が製造した襲撃機

に見られると結論した——99機中の66機、あるいは三分の二が大修理を必要としたからである。

　第16航空軍関係の資料からは、すでに6月6日には同航空軍に航空産業人民委員部の作業班第1陣が到着したことが分かる。他の10班、合計140名は6月半ばに作業に取りかかり、12箇所の飛行場で検査を迅速に実施した。欠陥機の数は多く、358機（Yak-7/9—100機、Yak-1—97機、La-5—27機、Il-2—125機、その他—9機）に上った〔49〕。赤軍空軍のA・K・レーピン首席技師は、航空企業の従業員からなる修理隊を追加編成し、オリョール・クルスク地区に派遣しなければならないことを確信した。

　かなり懸念される事態が1943年1月〜2月製造分のLa-5戦闘機に発生していた。5月に、拙劣な乾燥作業に起因する飛行中及び地上での翼板剥落と胴体の合板と外板張り板の反り歪が大量に発生したのだ。機体の貼り合わせの出来が悪い点も指摘された。第63親衛戦闘機連隊の航法士でソ連邦英雄のA・A・フェドートフ少佐が操縦する新品のLa-5（製造番号39210302）は6月6日の飛行中にライトの可動部分が吹き飛び、垂直安定舵と方向舵を大きく傷つけた。パイロットはそれでもなんとか戦闘機を着陸させた〔50〕。

　夏の初めに少なくとも2件の重大な飛行事故がヤク戦闘機に発生した。カストールノエ〜ヴォロネジ間をYak-7bで飛行中に主翼が空中分解し、第101防空戦闘飛行師団本部のイーヴレフ上級中尉が死亡する大事故となった。また、6月19日には第516戦闘機連隊（第2航空軍所属）Yak-1編隊の哨戒飛行中に、製造されたばかりのある1機が突然主翼の大半を失った。同機はきりもみ降下状態に陥り、スコロードノエ飛行場の外れに墜落した。グネズヂーロフ少尉は地上近くでなんとかコックピットを離れ、パラシュートを使って脱出に成功した。数十機の機体を検査して、1943年3月に生産されたYak-1とYak-7bは主翼表面の外板の接着強度が十分でないことが判明した。それ以前に生産された戦闘機には同様な欠陥は見られなかった〔51〕。

　航空産業の指導層にはしかるべき評価を与えねばならない。「人民委員部が執った緊急措置のおかげで、確かに2〜3週間のうちに数百機の航空機の翼板を強化し、戦争の危機的状況においてわが戦闘機部隊を無力化し、わが戦闘部隊の上空掩護を失いかねない危険極まりない欠陥を完全に解消することに成功した」——このようにA・S・ヤーコヴレフは書いている〔52〕。

　技師、技手、機械工、兵装工、エンジン工は献身的に働いた［技師は各連隊に1名いる技術面の責任者、技手は技師の下で具体的な装備の整備状況を管理監督し、機械工その他はそれぞれ専門とする特定の装備の整備・修理作業に従事する］。そうして故障機の数を

57：イリューシン襲撃機のコクピットで作業をする第617襲撃機連隊の航空機器整備担当、イヴァン・コンスタンチーノヴィチ・ルカショフ技手少尉。1943年7月22日。

58：水平尾翼タブのロッドを調整する第79親衛襲撃機連隊の整備士ウラジーミル・アルヒーポヴィチ・カリャーキン親衛技手中尉。

59：前線でAM-38Fエンジンの調
整作業を行う地上員。

大幅に減らすことができた——大半の航空軍は90％に上る保有機に戦闘活動の準備ができていた（比較のために、7月初頭のドイツ軍部隊の可動機は75％であった点を指摘しておきたい〔53〕。もっとも、ドイツ軍は"戦闘準備のできた航空機"の概念により厳しい基準を設けていたのも確かである）。7月10日までにクルスク突出前線地区では577機の航空機を修理することができた。この修理作業は激戦のさなかも続行され、予備連隊から新しい機体が届くごとに進められていった。ただ8機のIl-2だけが野戦条件下では修復不可能とされ、翼の交換のため工場に送り返された。修理された航空機のテストでは、平均して時速25〜40kmもの速度の向上を示した〔54〕。

クルスク戦が始まる数週間前に航空産業人民委員部と赤軍航空隊の合同委員会によっていくつかの部隊が選ばれて検査された。第563戦闘機連隊（第16航空軍所属）の検査では、26機のYak-1のうち8機が新品で（1943年5月19日に工場から受領）、残りは1942年の9月から10月にかけてサラートフで生産されたことが明らかとなり、それらの状態は満足できるものと評価された。第78親衛襲撃機連隊（同じく第16航空軍所属）の28機のIl-2のうち複座型は7機であり、単座型は半年から一年にわたって使用されていた。ちょうど半数の襲撃機がヴォルコフ・ヤールツェフVYa砲を持ち（他の半数はシピターリヌイ・ヴラジーミロフ航空機関砲ShVAK装備）、またやはりちょうど半数の機体が野戦航空修理所での修理をそれぞれ受けていた。これが理由でイリユーシンは海面高度での計器速度が時速300kmを超えなかった〔55〕。

残念なことに、新型機が"苦労を積み重ねた"飛行機より常に優秀だったわけではまったくなかった。1943年6月16日に赤軍空軍航空機・エンジン発注総局のN・P・セレズニョフ局長がA・I・シャフーリン航空産業人民委員に宛てた手紙からは、量産機（Yak-1、Yak-7b、La-5、Pe-2、Il-2）の大半は国家監督機関である空軍科学研究所での春の国家テストならびに管理テストで満足な結果を出さなかったことが分かる（国家テストは必ず国家の監督機関が生産第1機目の航空機の諸性能を試験するものであるのに対し、管理テストは検査対象機種の量産機を任意選択的に抽出して特定の性能（最大速度など）を試験し、部隊テスト（後出）は配備された航空機の主に戦闘性能を個々の部隊内で試験するものである）。これらの機体では「最大速度の低下と、使用を困難にし、飛行を危険にさえする多数の欠陥の存在」が定期的に認められた〔56〕。

この要素と何よりもまず関係あるのが、多くの教習所、例えば第1予備飛行旅団での事故件数の増加であった。5月だけでも同旅団では51件の飛行事故が記録され、そのうち25件のケースは機体に非があるとされ、このような数字に司令部は我慢ならなかった〔57〕。

60：イリューシン襲撃機製造番号1531番機の主翼下面パネルを開け、内部を点検する、第6親衛襲撃機連隊第3飛行大隊の兵装員、クラウヂヤ・エフィーモヴナ・ダニーロヴァ。1943年7月24日。

クーイブィシェフ［現ロシア連邦サマーラ市］に設けられた事故究明委員会は、複座型Il-2の重心は後方にずれており、急降下からの離脱時に単座型よりも大きな荷重が発生し、それは時に襲撃機の機体強度を上回る、ということを突き止めた。A・I・シャフーリンはA・A・ノーヴィコフに対して、襲撃機戦闘訓練要領の機体操縦法の制限に関する部分を修正するよう提案した。

　これらのすべての欠陥は、ソ連にレンド＝リース法によって供給された飛行機にはなかった。輸入機は必ず速度と上昇力の点で、また時には武装の威力の点でもソ連機に劣っていたが、エンジンの信頼性と装備の質では顕著に優れていた。しかし、クルスク地区のソ連軍部隊にはこれらの輸入飛行機は少なかった。例えば、ボストン爆撃機で武装していたのは第221及び第244爆撃飛行師団、エアラコブラを持っていたのは第30及び第67両親衛戦闘機連隊（第16航空軍所属）、ハリケーンがあったのは第179戦闘機連隊（第1航空軍所属）のみであった。レンド＝リース機はまた偵察部隊にも支給されていた。

61：離れがたき友人同士──Yak-1の機首の前でパイロットと整備員が写真に収まる。

62：クルスク戦前夜の第58親衛襲撃機連隊飛行大隊長でソ連邦英雄のV・M・ゴールベフ少佐。中央方面軍地区、1943年。

63：第134技術隊の最優秀エンジン修理班が、米国製ライト・サイクロンエンジンのカウリングを外し、整備を行う。

航空隊員の養成・訓練
ПОДГОТОВКА ЛИЧНОГО СОСТАВА

　赤軍航空隊にとって飛行要員教育の質の向上は、1943年の夏にはかつてないほど喫緊の課題となった。しかもそれは、空軍指導部が多くの重要な措置を講じていたにもかかわらずにであった。例えば、戦闘機部隊では1942年の秋に学校や予備連隊や教習所で高等飛行術を導入した後は、飛行学生たちは空中ではるかに大きな自信を持つようになった。1943年の冬から春にかけて若年パイロットの訓練上の多くの欠点を解消することができた。それ以前に前線に到着した補充は空中戦闘の訓練レベルが低く、ドイツ空軍の兵器と戦術をあまり知らなかった。そのような飛行士たちは最初の出撃で戦死することも稀ではなかった。

　1943年の春に赤軍空軍参謀部員たちが実施した監査は、学生たちの飛行時間が主に飛行操縦の慣熟に割かれていることを明らかにした。戦闘訓練に払われる注意は明らかに不十分であり、しかもこの欠点はあらゆる種類の航空部隊に認められた。飛行操縦教習は旧態依然たるもので、常に計器に目を奪われ、空中で起きていることには注意を払わない癖を学生に植え付けていた。若いパイロットたちは動きが流れるように滑らかで、非常に"正しい"ので、前線ではドイツ軍のエースたちにとって格好の標的となった。そこで、学校や教習所の教官たちは前線での経験をいちから長時間執拗に説明しなければならなかった。

　1943年の春には教官たち自身の実施軍での研修が広く普及した。教官たちは理論についての知識に不足はなかったが、空中戦の戦術についてはかなり曖昧なイメージしか持っていなかったからだ。前線滞在を経た教官たちはその後、飛行学生により高度な教育ができるようになった。その上、教習プログラムが見直され、その実現について具体的な助言がまとめられた。

　1943年5月に国内の後方地区に44個の補充飛行連隊が編成され、各軍団において1個連隊ずつ夜間訓練を始めることができるようになった。この月に前線に送られた約4千機のうち、3,133機が前線航空部隊を補充した[58]。これに劣らぬほど集中的な作業が夏の初めにも行われた。その結果、完全に定数を充足した兵団ができ（例えば第294及び第302戦闘飛行師団からなる第5戦闘航空軍団と第273及び第279戦闘飛行師団からなる第6戦闘航空軍団は後にクルスク戦で重要な役割を演じることになる）、また新品の飛行機が届いて編制定数にまで引き上げることができた兵団もあった（第1爆撃航空軍団には5月だけでPe-2が50機届き、第1襲撃航空軍団には6月に58機のIl-2が到着した）。国家防衛委員会令に基づき、連隊が

76：高等空軍パイロット学校（モスクワ軍管区）校旗の授与式。手渡すのはベロコーニ少将、その後ろにはボガティリョフ少佐が立つ。校旗を拝受するのは校長のP・V・コルパチョフ中佐。1943年夏。

予備連隊や教習所で補充を受けるために前線を離れることは中止された。以後、補充は後方で個々の飛行大隊や編隊や搭乗員チームとして訓練されてから、実施部隊に直接送り込まれるようになった〔59〕。

　だが、すべてが順調に運んだわけではなかった。燃料の不足と教習所への供給中断が、5月はパイロットの計画的な訓練を大幅に遅延させた。彼らの多くが最低必要な15〜20時間さえ飛ぶことができなかった。飛行機やエンジンの生産上の欠陥が大量に指摘されていた。その結果いくつかの航空軍団の訓練度は疑問視され、スタフカに深刻な懸念を抱かせた。指揮官たちは教育を中断して、教育課程（再教育課程）の完全な履修が間に合わなかったパイロットたちを前線付近の飛行場に送り出さざるを得なかった。

　当時ソ連襲撃機部隊の巨大な教習センターであった第1予備飛行旅団の関係書類を見てみよう。クーイビシェフ地区には1943年夏現在12箇所の飛行場を750〜1,150機の航空機が基地としていた。このときまでに同旅団は6,470名のパイロットを養成し、第1

65:第1親衛爆撃飛行師団長のF・I・ドーブィシュ（左端）が師団の参謀将校、飛行術監督官たちとともに飛行するPe-2を査閲する。飛行術監督官には最も熟練したパイロットが任命され、通常、師団や軍団レベルに配置された。その決定は航空軍の人事命令によって行われたが、しかるべき熟練パイロットは不足していたため、監督官のポストに空きがあるのが実情だった。

及び第18工場から受領して後に前線に送り出したIl-2襲撃機の数は8,419機に上った。この兵団の関係資料によれば、ここで教育を受けたのは編隊指揮官793名、部隊航法手651名、操縦手5,653名、技手5,457名、航空銃手426名、兵装工3,054名を数える。2年間の戦功に対して19個の襲撃機連隊が親衛部隊の称号を授かり、さらに2個連隊が叙勲された。クルスク戦のさなかにすでに、第1予備飛行旅団は飛行要員と技術要員の養成における功績に対して赤旗勲章を受章した〔60〕。

これほど大きな成功があったにもかかわらず、パイロットと銃手の訓練・養成には問題が残っていた。多くの搭乗員たちが、飛行歴が20〜24時間のまま前線に送り出されていた。前線の状況がもっと厳しかった一年前は、襲撃機での飛行歴がわずか3〜5時間で飛行士たちが戦闘に投入されていたことを考慮すれば前進したともいえるが、それでもこの前進はまったく不十分なものであった〔61〕。

同時にまた、襲撃機部隊の損害を補填する必要から、（連隊単位ではなく）単独の若いパイロットたちの前線派遣を盛んにすることが求められた。4月には旅団内で67名が養成されたが、5月になるとこの数字は134名になっていた。だが、このうち完全に訓練を受

けたものは27名であった。6名は最初の教程のみ修了し、53名は自分で離陸することができたが、残る48名は地上訓練しか間に合わなかった（！）というのだ〔62〕。つまり、ついこの間まで学生だった者のうち理論上すぐに戦闘に入ることができたのはたったの五分の一しかおらず、暗澹たる思いにさせられるのだった。

　同じような問題には他種の航空部隊も直面していた。1943年の5月に第3予備飛行旅団の飛行場では第288戦闘飛行師団の定数補充が行われた。「"定数補充"という言葉は実質的には、我々が遂行せねばならなかった仕事にあまりふさわしいものではなかった、──師団長のB・A・スミルノフ大佐は振り返っている。──実際のところ、師団はほぼ70％もの飛行要員を補充しなければならなかったからだ。果たしてこれを"定数補充"と呼ぶことができようか？……予備旅団は、戦時速習教程に沿って飛行学校を卒業したばかりの十分な数のパイロットたちを抱えていた。旅団内では彼らに何回かずつの訓練飛行をする可能性が与えられていた──これが将来の航空戦士たちの訓練のすべてだった。武器の戦闘使用や戦法をこれらのパイロットたちが知ることになるのは、もはや教育演習においてではなかったのである」〔63〕。

　スミルノフ大佐が強調するように、若者たちは前線に勇み立ち、多くの者がなるだけ早く戦闘に飛び込み、憎むべきヒットラー部隊を殲滅しようと望んでいた。学校を卒業したてのある軍曹などは戦闘大隊への編入を早めてもらうよう、思い切ってスミルノフ大佐に直接要望した。しかし、定数補充作業の総監督をしていた第288戦

66：第81親衛爆撃機連隊の訓練飛行を注視するパイロットたち。

闘飛行師団参謀長のB・P・コローシン中佐は最も良く訓練された若者たちを選抜しようとした。

　ルフトヴァッフェもまた来るべき戦いに備えて集中的に準備し、各飛行隊も若い飛行士たちの補充を受けていたが、ドイツ軍部隊は決して前線から離れなかった。稀に飛行隊が祖国や西ヨーロッパに向かうことがあっても、それは何よりもまず人員の休息のためであった。前線から外された部隊の一つに第53爆撃航空団の第Ⅱ飛行隊があったが、これはスターリングラードやドン河、ドネツ河、1943年4月の北西方面での激戦を経て、プスコフからアウズブルク郊外のハブリンゲンに移されたのだった。

「私たちは長いことこのような命令を待っていた、──パイロットの一人であるG・ガイセンドルファー少尉は回想する。──私たちのところには新しい搭乗員たちと新しい飛行機が到着した。飛行隊の古参パイロットとしてコーンブルーム少尉とドレーアー少尉と私は『ドイツ金十字章』を叙勲され、進級して中尉となった。やがて編隊飛行や中隊以上の部隊の中での目標攻撃、アメゼー地区での教習爆弾投下、アルプス越えや夜間飛行その他の集中訓練が始まった。あらゆる困難にもかかわらず、私はこれらの日々を喜んで思い返す。なぜなら、私たちには皆、しかるべく休息をとる時間があったからだ」[64]。

　このドイツ人従軍者の回想には、ルフトヴァッフェの主計官の報告書から、第53爆撃航空団第Ⅱ飛行隊の訓練飛行が決して順調では

67-69：航空機操縦訓練と戦闘訓練の水準において、第586女性戦闘機連隊の女性パイロットたちと指揮官のA・N・グリードネフ少佐（写真68左）は、第9防空戦闘航空軍団の他部隊にまったく引けを取らなかった。1943年の春と夏に同軍団のパイロットはオリョール・クルスク戦線とその南でさまざまな目標を防衛した。

なかったと付け加えることができよう。それは、6月28日の悪天候下でハインケルが一度に5機も（!）衝突したことを指摘すれば十分であろう。このとき18名の搭乗員が死亡し、3名はパラシュートを使って助かった（うち2名は重傷と身体的障害を負った）。いくつかの事故と2件の人命を失う大事故が、フランスにいた第53爆撃航空団第Ⅳ飛行隊でこの月に発生した。この部隊は『レギオン・コンドル』航空団の戦闘部隊用補充人員の集中訓練を行っていたところだった〔65〕。

また、戦列を離れる者たちに替わる者が常に新人であるわけではまったくなかった。ドイツ軍の資料によると、5月25日に第53爆撃航空団第Ⅱ飛行隊はH・ヴィットマン大尉が率いることになった。彼は戦功と活潑な飛行活動に対して1941年の末に、当時の飛行大隊長P・ヴァイトクス少佐に続いて『騎士十字章』を叙勲された。その後ヴィットマンは長期にわたってフュルステンフェルトブルック（ミュンヘンの西）の飛行学校に勤務した。彼はすでに300回を超える出撃を果たし、非公式の指針によれば教育及び参謀勤務となるはずであった。ところが、ヴィットマンは部隊勤務の役職を提案されると、それに同意した。明らかになっているところでは、第Ⅱ飛行隊の戦闘部隊の編成に際しては、第53爆撃航空団第Ⅳ飛行隊から新人のみならず、すでにあちこちの前線で戦った経験のある者たちも編入されてきた。

クルスク戦の約ひと月ほど前に多くの経験豊かなドイツの飛行士たちが休暇を受領し、故郷に帰省した。こうして彼らには息抜きと体力回復の機会が与えられた。周知のとおり、東部戦線でのこれまでの戦いでは、よく訓練された爆撃機搭乗員たちは激戦一日あたり3～4回、戦闘機搭乗員たちは4～5回に上る出撃を繰り返していた。やや先回りになるが、クルスク戦では戦闘活動がかつてないほどに忙しいものとなった。

ついでにいえば、ルフトヴァッフェの人員のローテーションは順調で、ツィタデレ作戦の準備もこのプロセスにまったく影響しなかった。とりわけ、最も才能に恵まれた空軍指揮官と多くの研究者が認めているW・フォン・リヒトホーフェン元帥は1943年6月にイタリアに去り、自分のポストをかつて第1対空砲軍団を率いていた第4航空艦隊司令官のO・デスロッホ将軍に譲った。その少し前には第Ⅷ航空軍団司令部の中ではH・ザイデマン将軍が先の戦いで光彩を放った人物、M・フィービヒ将軍に替わった。デスロッホ、ザイデマン両将軍と第25空軍管区長A・フィーアリンクと第1対空砲軍長R・ライマンは、クルスクへ南方から突破するためにルフトヴァッフェを訓練し、適正に運用していかなければならなかった。

若い補充要員を戦列に編入する課題は、飛行隊と航空団の指揮官

たちに残されていた。戦闘機部隊の新人は必ず、より経験のあるパイロットと組まされ、伍長や軍曹がいくつか戦果を挙げている場合は、少尉が彼らの僚機として飛ぶこともよしとされていた。"フリーハンティング"出撃は戦闘経験を積む良い機会であるとドイツ軍は考えており、このような活動を広範に展開した。戦闘機パイロットになるために多くの貴重なものを与えることができたのは、戦闘活動に積極的に参加している部隊や兵団の指揮官たち自身であり、中にはどの部下よりも戦闘出撃回数が多い指揮官もいた。

　ドイツ軍パイロットが前線に送り込まれるまでに飛ぶ平均飛行時数は、第二次世界大戦の初年に比べると若干少なくなっている。それでも1943年夏の戦闘機部隊パイロットは教習課程の中で200時間を空中で過ごし、そのうち40時間は実戦用戦闘機に乗っていた〔66〕。第51戦闘航空団第Ⅲ飛行隊所属のP・フォークト軍曹の回想によると、彼は対ソ戦開始以来Fw189の銃手として戦闘に参加し、その後はパイロットとなるべく学習することになった。再教育は1943年の6月に終わるとフォークトは考えていたが、前線ではなく戦闘機学校にさらなる勉強のために遣られ、その後は東方戦闘飛行隊（教導飛行隊）に送り込まれ、そこで東部戦線の有名なエースであるV・バウアーの指導の下、ソ連軍航空部隊の戦術や兵器や行動の特徴について多くの重要な知識を汲み取る機会を得た。このパイロットが前線に辿り着いたのはようやく1944年4月のことであった……〔67〕。

　春の間ずっと激戦を重ねてきた第51戦闘航空団『メルダース』は、他の部隊以上に若手パイロットの補充を受けた。捕虜の供述によると、1943年夏の初めはこの部隊の40％に上るパイロットたちが、前年の秋に学校を卒業したばかりであった。しかし先述のことから分かるとおり、ドイツ軍の補充パイロットたちの飛行及び戦術の訓練レベルはソ連軍に比べてはるかに高く、戦闘への導入の条件はよ

70：Pe-2爆撃機の訓練機型が数十機生産された。これは同爆撃機への若年補充要員の養成訓練を容易にした。

り恵まれていた。それに、独ソ戦線での激戦にもかかわらず、ルフトヴァッフェの経験豊かなパイロットたちの中核は撃墜されておらず、まさに彼らこそが任務の主な部分を遂行していた。

　ソ連軍の多くの指揮官と司令官は若手補充要員の質に不安を抱いていた。彼らが最終的に"中等普通教育修了証"を手にすることになるのはもはや戦闘の最中であり、それが大きな血の代償を伴うことになるのをはっきり理解していたからである。クルスク戦が始まるまでの日々、前線の飛行場では航空機搭乗員たちを特別なプログラムに沿って戦列に加えていった。そのプログラムには戦闘想定地区の研究、基地となる飛行場の配置、(飛行機に曳航させたゴム製の)円錐形標的射撃と爆撃演習の実施が含まれていた。

　しかしながら、このための時間も航空燃料も常に足りていたわけではない。たとえば、第322戦闘飛行師団参謀部は次のような指摘を行っている——「作戦開始時点の飛行要員は訓練が十分でないことが判明した。その訓練に当てるべき時間は、教習・訓練飛行用の燃料が欠如していたため、作戦準備期間中に完全には消化されなかった」〔68〕。

　ソ連軍航空部隊が抱える諸問題は、1943年5月から6月の間に多かった各種検査の報告書類から明らかである。クルスク戦が始まるひと月前にブリャンスク方面軍第15航空軍を検査した赤軍空軍総監Ｉ・Ｌ・トゥルケリ将軍の報告書を見てみよう。将軍の見解によ

71：ドイツ空軍のある飛行学校で講義を受けている学生たち。

72：教導戦闘飛行隊『オスト』のメッサーシュミットBf109F戦闘機。この飛行隊では独ソ戦線に補充するためのパイロットを養成していた。

ると、訓練レベルで秀でていたのは31名のソ連邦英雄が勤務する第1親衛戦闘航空軍団と第99親衛独立偵察機連隊であった。しかし彼は、第234戦闘飛行師団の参謀部諸課長たちと作戦課スタッフの不在を指摘し、第284夜間爆撃飛行師団では飛行訓練担当副師団長と飛行術監督官のポストが空いたままであった。

だが、将軍が最も否定的な印象を受けたのは第225襲撃飛行師団と第3襲撃航空軍団の経験浅い飛行要員であった。しばしば搭乗員全体の運命を左右する航空銃手の戦闘訓練レベルが低いことに瞠目した（彼らの訓練には通常あまり関心が払われていなかったのである）。そこで報告書で次のように断言した──

「第15航空軍隷下部隊の定数充足のために第2レニングラード学校から航空銃手たちが到着した。彼らが学校で学んだのはわずか38日間で、しかも学校在籍中は飛行に加わらなかった。小官が実施した第3襲撃航空軍団第624襲撃機連隊の6名の銃手たちの検査が示すのは、兵と軍曹はまったく訓練されておらず、敵戦闘機のデータも友軍機の性能も射程別のBT機銃の射撃効果その他も知らないことである（BT機銃のBTは2人の設計者ベレージン、トゥレーリヌイの頭文字：著者注）。普通教育のレベルもきわめて低い。彼らのうち何名かは、鋭角、直角、鈍角とは何かという質問にさえ答えられない。垂線についても彼らは知らない。軍事上の知識は皆無で、体力も劣る1925年生まれである［この世代の少年期に当る1932～1933年のロシアは深刻な飢餓に襲われた］。言葉を替えれば、これは航空銃手学校に受け入れるには明らかに不適格な者たちである。

第2レニングラード学校はこのような者たちを受け入れ、何も教えず、前線実施部隊の補充に送り出したのである。ここでは彼らは

戦闘任務に就かされていない。明らかに不適格な者たちは武器別に銃手に異動させ、残りは教育の仕上げが試みられている。しかし前線飛行場での教育は、銃手に必要なレベルを求めると長引いてしまい、火急の場合に時期を繰り上げて彼らを投入すると大きな損害は避けられない……」〔69〕。

　春の終わりから夏の初めにかけて第15航空軍隷下部隊では非常に多くの各種検査が実施されたが、それは何よりもまず飛行要員の評価と若手補充要員の戦列編入に関係するものであった。なぜならば、補充要員は1カ月～1カ月半のうちに基地地区を頭に入れ、前線の配置をよく把握し、敵の行動戦術について当面の知識を得なければならなかったからだ。当時の状況は、40日の間に5,200回を超える教習離陸を許したが、それは不備な点を数多く浮かび上がらせた。「多くの部隊が再教育を形式的に済ませ、若年隊員たちの教育は拙劣であることが明らかとなった」——と、ある書類には遺憾の気持ちとともに指摘されている〔70〕。この間の非戦闘損害は29機となり、しかも12機は大事故で大破した。とはいえ、当時ブリャンスク方面軍にいた赤軍空軍副司令官のG・A・ヴォロジェイキン将軍はこの訓練をきわめて重要だとみなしていた。というのも、若手搭乗員がこのときにそれぞれ約40時間ずつ飛んでいたからである。また、すべての連隊と師団の中で開かれた飛行術・戦術研究会議は、空中と地上で得た知識を良く補う形になった。

73：クルスク戦直前の第32親衛戦闘機連隊（第1親衛戦闘航空軍団所属）のソ連邦英雄たち。（左から右に）S・F・ドルグーシン、V・A・オレーホフ、I・M・ホーロドフ、V・I・ガラーニン、A・F・モーシン、V・A・サヴェーリエフ、M・A・ガラーム。

与えられた小休息を司令部は部隊や兵団の空席ポストの埋め合わせに使った。そのほかのケースでは、さまざまな理由によって指揮官たちは一つの飛行師団の指揮を返上し、別の師団を率いるよう指示されていた。例えば、6月27日にM・P・ノガー中佐とI・V・クルペーニン中佐とF・G・ミチューギン中将はそれぞれ、第322戦闘飛行師団と第1親衛戦闘飛行師団と第113爆撃飛行師団を率いることとなった。N・G・ミヘーヴィチェフ中佐が第305襲撃飛行師団の師団長に就任したのはようやく7月5日の朝のことであった。部下や参謀将校や政治担当副指揮官たちと面識を得、敵の抵抗の特徴や地勢を把握するのには時間が必要だったのだが……。

　幹部人材の選抜と配置に絡む諸問題も、5月から6月にかけて実施された多くの検査の中で指摘されていた。これらの検査は時折、悲劇的な出来事がきっかけとなることもあった。例えば、1943年5月6日にPe-2爆撃機編隊が友軍戦闘部隊の陣地を爆撃し、67発の航空爆弾を投下した。6月12日に終わった所属航空軍団の監査が示したのは、兵団指揮官のI・S・ポールビン大佐が戦闘訓練と軍紀の向上を図る断固たる措置を講じていたにもかかわらず、規律は依然低いレベルにあるのが顕著なことであった。大きな手抜かりが航法訓練と爆撃訓練に見出され、方向を見失ったり目標を誤認するケースがしばしば発生している点が取り上げられた。最も大きな要求は、戦闘で鍛えられた経験豊富な飛行士たちに突きつけられた。

　「戦闘訓練の過程において飛行要員は急降下爆撃を教えられていない。無線誘導飛行はまったく無視されている。RPK-10手動ループ型無線方位計は一度たりとも使用されなかった。パイロットの飛行技術のチェックには注意が払われていない。参謀スタッフの体系的教育は欠如しており、その結果命令や戦闘指令の遂行状況に対する監督もない。写真による爆撃効果の監督指導も確立されていない。戦闘書類の記入は不明瞭である。爆撃機と掩護戦闘機との協同戦闘戦術の訓練も不十分である」――このように報告書の文言は指摘している〔71〕。

　検査の結果、勤務適性不完全の警告付き譴責処分が第1親衛爆撃飛行師団長F・I・ドーブィシュ大佐と第293爆撃飛行師団長G・V・グリバーキン、そして第1親衛爆撃飛行師団の爆撃手リチェンコ大尉に対して行われた。友軍部隊への爆撃行為に対して一連の将校たち、誰よりもまず各部隊の爆撃手たちが役職を降格された。厳格な措置を講じることによって、第1爆撃航空軍団の多くの欠点を解消することができた。しかし、指導部が要求していた第1親衛爆撃飛行師団の搭乗員たちの急降下任務への完全移行はうまくいかなかった――7月初頭時点でこの難しい戦闘機動を習得していた搭乗員たちは20組以下であった。そのため、防衛戦においては圧倒的多数

の爆撃が水平飛行から行われていた。

　それでもやはり、数々の戦闘で学んできた経験豊かな搭乗員たちに、指揮官たちの主な期待が寄せられたのは根拠のないことではなかった。例えば監査が示したところによると、第283戦闘飛行師団第563戦闘機連隊の22名のパイロットたちは戦闘出撃を果たすのみならず（一人平均120回の出撃）、戦果も積み重ねていた。彼らは良好あるいは優秀な飛行テクニックを示し、春には一件の飛行事故にも関係しなかった〔72〕。

　また、第2親衛襲撃飛行師団第78親衛襲撃機連隊では経験豊富なパイロットとみなされた者（戦闘出撃回数が25〜105回の者）が半数を占めた（32人中16名）。さらに12名の将校たちは前者に飛行訓練度では劣るものの、やはり悪天候下で任務を遂行する能力があった。残りの四分の一の隊員は1943年初頭に部隊に到着し、予備連隊での飛行歴は各3〜4時間であった。襲撃機連隊長のА・Г・ナコネーチニコフ少佐は彼らの戦列編入に向けた追加教習の実施を命じ、それが達成されたのはようやく6月末のことであった〔73〕。

74：クルスク戦を間近に控えた第32親衛戦闘機連隊の最も勝率の高いパイロット、そしてソ連邦英雄のА・モーシン、А・パクラン、I・ホーロドフ、S・ドルグーシン。

「諜報・偵察員の報告は確かか?」
« РАЗВЕДКА ДОЛОЖИЛА ТОЧНО »?

　現代ではツィタデレ作戦を最終的に頓挫させるのにソ連の諜報機関が重要な役割を果たしたことはよく知られている。ソ連軍の勝利のためには中央ヨーロッパの定置諜報員や一時的にドイツに占領された地域の諜報機関、そして方面軍及び軍の諜報部隊が活動していた。彼らはドイツ軍のツィタデレ攻勢作戦の実施に向けたドイツ軍部隊の訓練がどのように進められ、そしてどのように中央軍集団に送り込まれているのかについて情報を収集、分析した。ドイツ軍の計画に関する情報を事前に受け取ったスターリンと国家防衛委員会の他のメンバーはより大きな自信を持って先を見通すことができた。

　例えば、ハンガリーの反ファシストであるS・ラドが率いる『ドーラ』グループは定期的にスイスからモスクワに、攻勢時期の延期、新型重戦車ティーガーの戦闘準備、ドイツ軍の装甲のスウェーデン産ニッケルを使った合金化による耐性向上……について伝えてきていた。1943年5月27日、『ドーラ』は無線で伝えてきた──「ドイツ国防軍総司令部はソ独戦線南翼で攻勢作戦を実施し、重要な諸目的を達することを期待している。ロシア軍に対しては、ライヒと戦っているのは彼らだけであり、ドイツは西部戦線の情勢をあまり懸念しておらず、軍事上の成果がドイツ国防軍の兵士たちとドイツ国民にさらなる勇気を与える、ということを示すべきだとしている」〔74〕。

　連絡の中には本書のテーマに直接かかわる情報もあった。例えば、中央軍集団と南方軍集団の後方地区に対するソ連軍長距離航空軍爆撃機部隊の空爆結果に関するドイツ国防軍総司令部の資料の抜粋が引用されていた。それらは5月の攻勢準備における深刻な困難を物語っている──「ミンスク、ゴーメリ、オルシャ、ブリャンスクの集結拠点が重爆弾により体系的に破壊された結果、東部戦線のドイツ軍部隊にとって新たな状況が生まれた」。ドイツ軍は第一線の750機のソ連長距離航空軍の兵力を評して、数量的にも質的にもドイツの対抗兵力を凌駕していることを認めたのだ。

　6月7日付の報告では、5月にドイツの航空機工場は2,050機を組み立てたことが指摘されていた。ゲーリングは翌月の生産を2,100機まで増やすよう要求した。それから一日置いてクレムリンはルフトヴァッフェの新型機Bf109G-6の制式採用を知った(ただし、この航空機に関する情報は表面的かつ不正確であった)。かなり好奇心をそそられるのは6月23日付の無線電報である。"消息筋"は、ルフトヴァッフェ参謀本部で聞かれた、クルスク地区攻勢期日の一度

75：写真偵察用の空中写真機を構えるドイツ軍航法手。

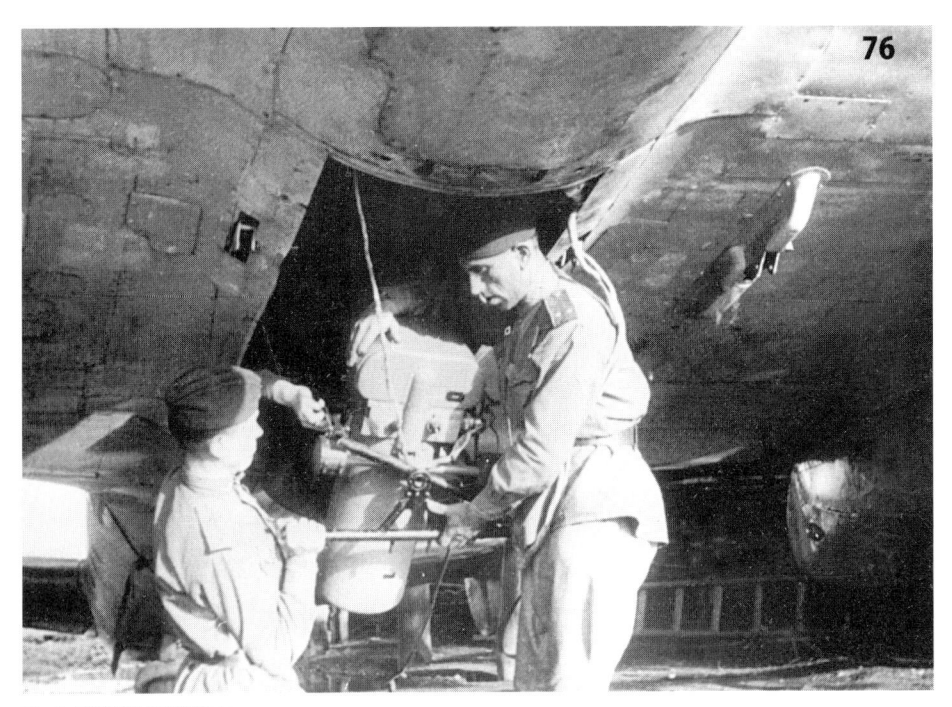

76：Pe-2偵察機から撮影済みフィルムの入った空中写真機を取り出すソ連軍地上員。

77：Pe-2偵察機から回収した空中写真機。

ならぬ延期に伴う遺憾の言葉を伝えている――ここでのソ連軍兵力の増強はドイツ軍のそれよりもはるかに速いテンポで進んでいる。そしてこう結論された――ドイツ軍司令部には優勢を期待する根拠はないが、総統は攻勢作戦の実施が必要であるとこだわり続けている〔75〕。

共通の目的には飛行士たちも応分の寄与をし、クルスク戦前夜に多くの貴重な敵情を収集した。彼らの主な任務はドイツ軍戦車部隊の基地移動と集結を追跡することであった。最初の重要な敵情報告の一つとして上級参謀部に送られたのは第4偵察機連隊の作業資料に関するもので、同連隊の飛行士たちは5月14日夕刻現在のクローミィとオリョールの地区に敵の多数の戦車と自動車が存在することを特定した。赤軍空軍司令官A・A・ノーヴィコフ元帥はこれらの情報に基づいたスターリン宛の報告書の中で、ドイツ軍がクルスクへの大攻勢を準備しているのは間違いないと結論した。

特に航空偵察が活発化したのは6月の後半で、この頃前線の緊張は極限に近づきつつあった。例えば、第16独立長距離偵察機連隊（第16航空軍所属）は1943年の6月12日から同26日にかけてオリョール、ブリャンスク、ウネーチャ、コノトープ、セーフスク、コマーリチ、クローミィ、グラズノーフカの各地区で組織的な捜索活動を展開した。偵察機搭乗員たちの主目的は、ドイツ軍航空部隊の配置を暴露し、オリョール～グラズノーフカ間及びオリョール～ブリャンスク間の鉄道輸送の頻度を割り出し、敵の戦闘部隊、とりわけ戦車の集結地点を特定することだった。この期間に同連隊は全部でボストンA-20による35回の出撃を行った。その際の損害は2機で（うち1機は同連隊の優秀隊員の搭乗機であった）、さらにもう1機のA-20B型が不時着時に大破したことが判明した。6月12日現在の第16独立長距離偵察機連隊には2機のボストン3型機と5機のA-20B型機があった。敵戦闘機としばしば交戦しなければならなかったため、偵察機の各クルーに銃手をもう1名追加し、ハッチ機銃の傍に配置することになった〔76〕。

綿密な毎日の航空偵察は楽な任務ではなかった。ドイツ軍の参謀将校たちは自らの任務を熟知し、来るべき作戦の規模を隠すためにありとあらゆる措置を講じたようだった。前線近辺の移動が許可されたのは夜間だけであった。偽装のために、武装SSの戦車隊員たちはそのあまりにも目立ちすぎる黒の制服を一般の野戦服に着替えねばならなくなった〔77〕。ドイツ軍はかなりな程度、ソ連軍の諜報機関と偵察部隊を欺瞞することに成功した。

また、多くの貴重な敵情が、捕虜となったパイロットたちの尋問から得られた。彼らはソ連軍の防諜員たちに対して、さまざまな飛行隊、航空団に課された任務や使用する兵器、戦術について語った。

78：第55爆撃航空団第II飛行隊の航法手H・ライトナー軍曹は、オリョール・クルスク戦線での会戦の前に撃墜され、捕虜となった。

5月の末にケーニヒスベルク郊外から到着し、ソ連側地域で6月21日に撃墜された第3爆撃航空団第II飛行隊所属のパイロットA・ヴァーグナー伍長の供述によると、彼らの主任務はスタリノゴールスク〜エレーツ間を通過する部隊を殲滅することにあった。同飛行隊の航空機の70％以上は彼が部隊に到着する直前に工場から受領したばかりであり、単独で行動し、昼間に出撃する場合は第51戦闘航空団の戦闘機に掩護されていた。この捕虜によれば、遠隔目標に対する空襲においてJu88は良い側面を発揮し、搭乗員たちは平均して50〜60回の出撃を行った。

　大戦のこれまでの時期と異なり、多くのドイツ軍人がソ連軍機に相応の評価を与えていた。例えば、第15偵察飛行隊の飛行士はこう認めている──「Pe-2、Il-2、LaGG-3、Yak-3（恐らくYak-9を想定しての話であろう：著者注）の装備はとても良く、特にPe-2はうまくできている。Il-2は素晴らしい襲撃機だ」。その一方、ある捕虜は次のように指摘した──「思うに、ロシア軍はIl-2の使用が正しくない。それは高度100〜200mの超低空飛行での攻撃能力を持つが、実際のところ爆弾は高度500〜800mから投下されており、これが大きな損害につながっている。ロシア軍の飛行士の一部はどうも、自分たちの搭乗機を信頼していないようだ」[78]。

　他の捕虜パイロットたち、例えば第51戦闘航空団『メルダース』のパイロットたちへの尋問では、ソ連空軍の戦術について批判的な評価も聞かれた。また、第3爆撃航空団『ブリッツ』のパイロットの一人はPe-2爆撃機（高速型）を高く評価しながらも、その搭乗員たちはあまり戦術的な柔軟性がなく、目標への進入に際して工夫が

79：ヴォロネジ地区への任務を首尾よく終えて帰還した、ドイツ第22長距離偵察飛行隊第2中隊のJu88D。

なく、対空射撃圏内での機動性が低いと指摘した。彼の言葉によれば、彼は6月初めのソ連軍航空部隊によるオリョール空襲を目撃している——赤い星をつけた8機の航空機が高度3,000mから投下したすべての爆弾のうち、飛行場に着弾したのは4発で、駐機していた18機のうち損傷は2機だった。

　ドイツ軍の航空隊員たちによる偵察飛行の性格と頻度についても、捕虜たちの尋問によって多くの点が明らかにされた。中央方面軍の軍地帯と方面軍地帯の上空では5月にT・フィネク少佐率いる第4近距離偵察飛行隊が活発に行動していた。一方で、ソ連軍戦闘機部隊はそのうちの数機のメッサーシュミットを捕捉、撃墜することができた。Bf110に乗っていたパイロットたちは、調べていた目標や任務遂行中に観察したこと、そして隣接部隊の兵員の気分について打ち明けた。

　長距離偵察飛行隊出身の捕虜たちはとりわけ、オスコール河、ドン河、ウグラー河の線に定期的に到達していたことを伝えた（確かに、ドイツ側の報告書類からは経験豊富な飛行士たちが5月から6月の間に一度ならずモスクワにまで侵入していたことが分かる）。第121長距離偵察飛行隊第4中隊（4.（F）/121）のある航法手が伝えるところでは、彼の中隊と第11長距離偵察飛行隊第4中隊（4.（F）/11）はキーロフ市より北で、また第4長距離偵察飛行隊の他の2個中隊（1.（F）/100と4.（F）/14）は同市より南で行動していた。ごく普通の偵察飛行は、スヒーニチ～ミチューリンスク地帯のソ連軍飛行場網の視察を目的としており、そこで発見された6～7箇所の飛行場には100機を下らぬソ連軍機があった。ドイツ軍の評価によると、ソ連軍中央方面軍の後方には5月中旬は400機があった。

　とはいえ、捕虜たちのこうした計算はかなり大雑把であった。同じことは長大な弓形の戦線に延びる赤軍の主防衛線の調査についても言えた。当時ドイツ第ＸＸＸＸⅧ戦車軍団の参謀長であったF・メレンチン将軍は回想する——「クルスク突出部が1平米ずつ上空から写真撮影された。しかし、これらの写真はロシア軍陣地の配置と正面及び縦深の長さのイメージを与えてはくれたが、防御体系をあらゆる細部にわたって暴露するものではなく、あるいは防御部隊の兵力を示すものでもなかった。なぜならば、ロシア軍は偽装の大名人だからだ。我々がかなりな程度彼らの力を過小評価していたことは間違いない」[79]。

　現在では明らかになっているとおり、ドイツ軍司令部にはクルスク突出部の赤軍航空隊の数量的兵力と戦闘編制に関する完全な情報はなかった。地勢条件（大きな森林がないステップ草原）が航空部隊の本当の配置を確実に隠すことを許さないようなヴォロネジ方面

80・81：ドイツ第Ⅷ航空軍団（写真80）とソ連第1爆撃航空軍団（写真81）の移動式暗室＝写真現像車。

82:ソ連第99親衛偵察機連隊の最も優秀な搭乗員の一組。（左から右に）パイロットのP・I・ガヴリーロフ、航法手のN・T・エフトゥシェンコ、飛行大隊先任通信係のD・E・ニクーリン。

軍地帯でも、ドイツ軍偵察機の搭乗員たちを欺瞞することに成功した。ここでは何よりもまず、大半の実動飛行場を巧みに偽装し、また一連の欺瞞飛行場網を造り上げたのだった。

　ソ連第2航空軍では作戦課と飛行場建設課との緊密な協力の下で飛行場偽装班が作業を進めた。この班を指揮していたのは、モスクワ出身の建築家であったV・I・ルキヤーノフ少佐である。建設作業そのものはソ連軍最高総司令部予備の第5技術・地雷旅団（指揮官はストリャーロフ中佐）が遂行した。飛行場から数キロメートルのところに模型を設置し、実動飛行場に特徴的なさまざまな建物を建てていった。欺瞞飛行場1箇所に付きこれらすべての作業を20名の部隊で遂行するのに、平均して4～6昼夜を費やした。

　この旅団はグレダーソヴォやグリャーズノエ、プローホロフカなどの33箇所の欺瞞飛行場に、28機の戦闘機の模型と152機の紙製襲撃機、軍人を模造した191体の人形を設置した。また、実動部隊が去った後に残っていた建物を工兵たちがうまく利用したケースもいくつかあった。欺瞞飛行場勤務班は緊迫した"勤務"の真似を強調し、時折そこには"本物の"飛行機が着陸することもあった。このようにしてソ連軍航空部隊の本当の配置を隠蔽することに成功したのである。1943年の6月だけでドイツ軍航空部隊はソ連軍の飛行場に21回の空襲を行ったが、実動飛行場の航空機が打撃を受けたのは3回に過ぎなかった。

　クルスク戦の後に作成された報告書の中で、ヴォロネジ方面軍技

術軍司令官I・V・ボルジローフスキー将軍はこう指摘している──「欺瞞飛行場の設置はステップ地帯における航空機偽装の効果的な方法であり、これを使えばほとんど常に敵を攪乱し、敵航空部隊の注意を真の飛行場から逸らせる上で、期待される結果を達成することができる」[80]。

　この重要な活動は第2航空軍司令官のS・A・クラソーフスキー将軍も高く評価した──「偽装班長と飛行場勤務班の兵士たちはこんなにもアイデアを発揮し、我々自身騙されてしまうほどだった。私がパイロットのA・A・パーリチコフとともに、第27戦闘機連隊の駐屯しているグルシキー飛行場を探し出すのはやっとのことであった。……飛行場をドイツ軍の目から隠蔽するため、戦士たちはルキヤーノフの下絵に従って、上空からは土地の全体的な景色によく溶け込んだ、地上に刻み込まれた雨溝に見えるよう滑走路を偽装した。戦士たちはクローバーを刈り取り、そうして開けた区画は藁で埋めて火で燃やした。焼けた場所には雨溝を模して造り、飛行場には偽の道路を敷設した」[81]。

　第27戦闘機連隊長のV・I・ボブローフ中佐は偽装の原則を厳格に守り通し、航空機は機体遮蔽物から真っ直ぐ発進線に走行させて引き出し、これが地上での損害を部分的に救ったのは疑いない。7月3日、つまりドイツ軍の攻勢作戦の文字通り前夜には、グレダーソヴォ欺瞞飛行場の勤務班は頭上を旋回するドイツ軍の双発機を小銃射撃し、同機は煙を出してソンツェヴォ地区に墜落した[82]。彼らの報告によればBf110を破壊したことになっているが、ドイツ軍

83：Il-2襲撃機の観測機型Il-2KR。春の終わりごろから観測機大隊でスホーイSu-2や他の機種に取って代わるようになった。

は第3爆撃航空団第II飛行隊のJu88の損失を認めている。クルスク防衛戦の過程でドイツ軍は偽の目標に対して9回の空襲を実施し、212発の各種爆弾を投下した。ドイツ軍の諜報・偵察担当者たちはロマーホヴォ、ゴルービノ、グリャーズノエその他の欺瞞飛行場にソ連軍の飛行連隊が1～2個ずつ駐屯しているものと信じて疑わなかったようだ。

とはいえ、常に信頼できる情報がソ連軍部隊の参謀部に入ってきていたわけではまったくなかった。例えば、6月11日に複数のソ連軍戦闘機によって撃墜された第121長距離偵察飛行隊第4中隊（4.（F）/121）のK・レーマン航法手は、あたかも1943年の夏の初めにルフトヴァッフェが採用したとする新しい編制――航空師団――について語りだした。この将校の話によると、師団とは混成兵団であるという。各師団には爆撃飛行隊1～2個と急降下爆撃飛行隊1～2個、それに2個を下らぬ戦闘飛行隊が含まれ、また1～2個の地上攻撃飛行隊が加わることもあり、全部でそれぞれ30機保有の飛行隊6～8個から編成されるとするものである。ところが、航空師団は第二次世界大戦の当初に創設され、その後航空軍団に改変され、ドイツ軍が再び東部戦線で航空師団に戻したのは1942年4月のことである。翌年の夏まで第1航空師団（本部はオリョール地区）は捕虜の言葉とは裏腹に、組織として"生存権"を獲得してすでに久しく、十分期待に応えたものとドイツ軍司令部は見なしていたのである。

客観的事実から大きく外れたデータは、第4近距離偵察飛行隊（NAGr.4）の5月に撃墜されたE・クラット中尉も伝えていた――「将校の間では、この春にドイツ軍部隊はレニングラード地区か南方で攻勢に出るだろう、との会話がある。オリョール地区のドイツ軍部隊は現在防衛戦を行い、予想されるロシア軍部隊の大攻勢に備えている。最近ロシア軍はマロアルハンゲリスク地区の一つの高地（254.6）を獲得した。この件についてドイツ軍総司令部の総括報告には、戦車に支援されるソ連軍はオリョール地区で攻勢に転じたが、あらゆる戦区で撃退されたと記されていた」[83]。

彼の言葉は、捕虜となった別の偵察機パイロットも繰り返している――「以前パイロットたちの間では、ドイツ軍は必ずや攻勢に出るだろうという意見が支配的であった。ところが、わが前線の前にいる敵の形勢を我々偵察隊が調査した後は、見方が正反対に変わってしまった。我々は、敵は少なくとも砲兵力が3倍も優勢であり、防御陣地はわが方よりもはるかに良く整備されていることを特定した。パイロットたちは皆、ロシア軍は必ず攻撃してくるだろうとの見方で一致していた」[84]。

ドイツ軍は同時に、ソ連軍司令部の認識を混乱させる様々な措置

塗装とマーキング

第302戦闘飛行師団のラーヴォチキンLa-5戦闘機。スコロードノエ飛行場、1943年7月。

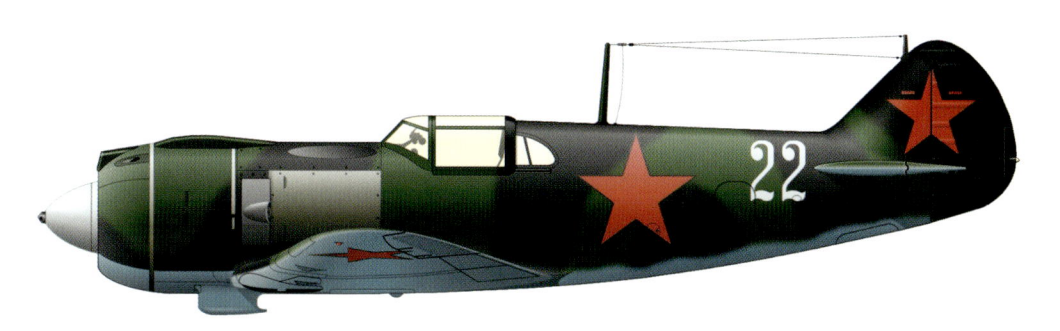

オリョール地区でドイツ戦闘機群に撃墜され、敵軍展開地域に着陸した第279戦闘飛行師団所属のLa-5戦闘機。

第88親衛戦闘機連隊のLa-5戦闘機。A・V・ニコラーエフ少尉がクルスク戦の前夜にドイツ軍地域から、戦闘中に撃破された連隊の同志I・T・コロスコーフ少尉をこの機で救出した。

第40親衛戦闘機連隊所属、K・A・ノーヴィコフ中尉のLa-5戦闘機。
ノーヴィコフはベールゴロド防衛作戦で5機の戦果を挙げた。

第486戦闘機連隊長K・A・ペリペーツ少佐が搭乗したエンジン強化型戦闘機La-5F（製造番号39210126）。
ペリペーツは7月5日に撃墜され、捕虜となった。

第427戦闘機連隊V・P・トルバルコ少尉のヤーコヴレフYak-1戦闘機。
連隊文書によると、7月7日にパイロットは4機の個人戦果と1機の集団戦果を獲得した。

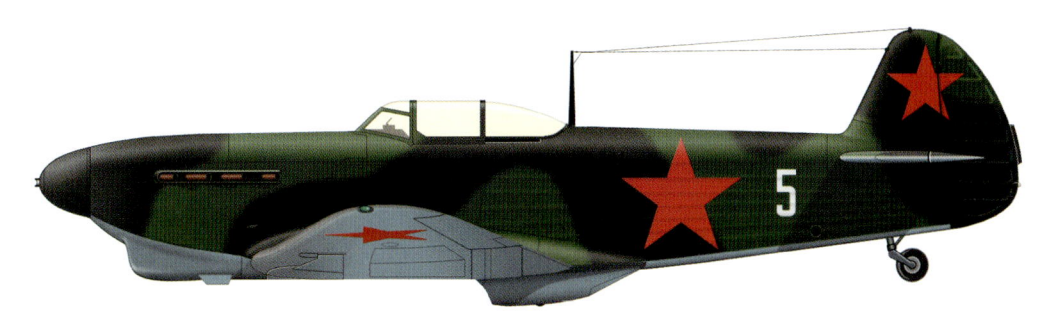

第247戦闘機連隊のV・M・シェフチューク中尉のYak-1戦闘機。

第9防空戦闘航空軍団第586戦闘機連隊の航法手で女性パイロット、
Z・セイード=マメードヴァ上級中尉のYak-9戦闘機。

第8親衛戦闘飛行師団のLa-5F戦闘機。パイロットは不詳。

99

メッサーシュミットBf109G-4戦闘機、製造番号19968。
第52戦闘航空団第7中隊のE・ローベルク軍曹が操縦し、彼は7月7日に捕虜となった。

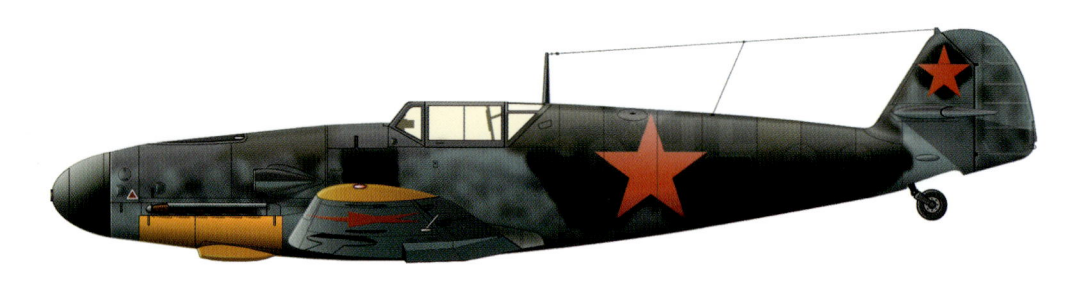

上掲のBf109G-4が赤軍空軍科学試験研究所でテストされたときの姿。1943年9月〜10月。

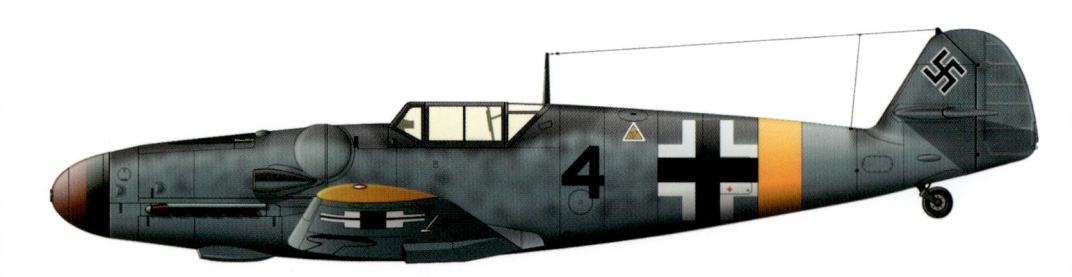

第52戦闘航空団第I飛行隊、R・トレンケル飛行兵曹長のBf109G-6戦闘機。

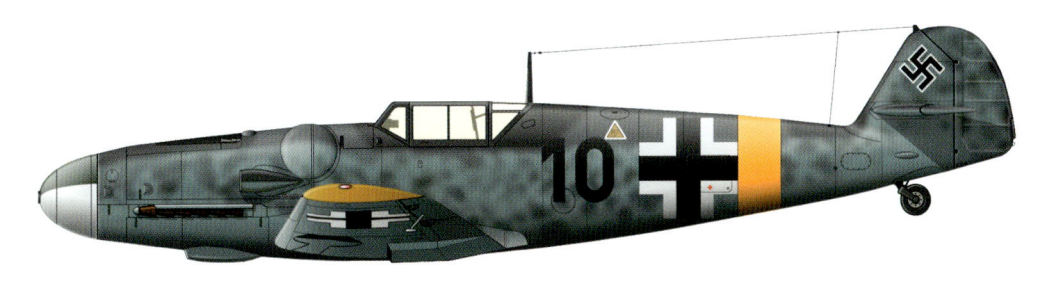

第52戦闘航空団第I飛行隊所属のBf109G-6。パイロットは不詳。

ツィタデレ作戦発動直前に撃墜された、第3戦闘航空団第II飛行隊のA・フィッシャー軍曹が搭乗していたBf109G-4。製造番号14940。

第51戦闘航空団第I飛行隊、J・イェンネヴァイン軍曹のフォッケウルフFw190A-4戦闘機。1943年7月。

第51戦闘航空団第III飛行隊長、F・ロージヒカイト大尉が搭乗していたFw190A-5。

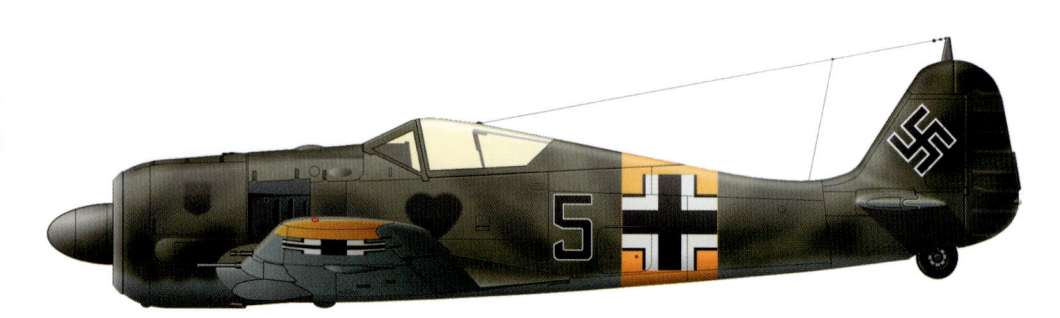

最も多くの戦果を挙げたエースの一人、第54戦闘航空団『グリュンヘルツ』第2中隊長H・ゲッツ中尉のFw190A-4。

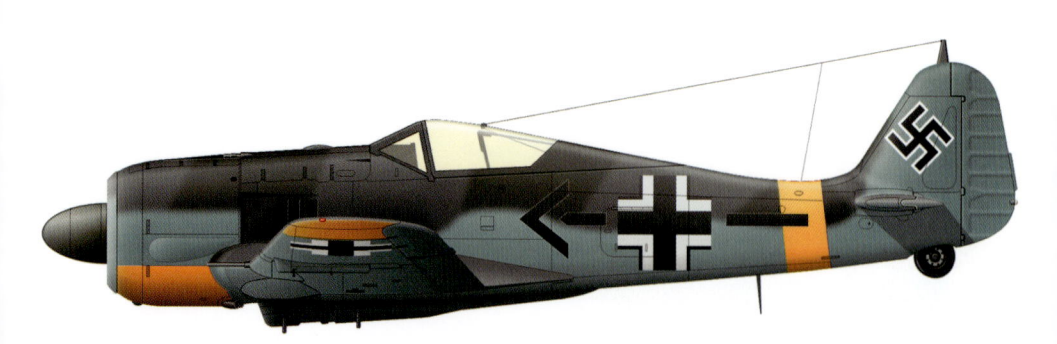

第1地上攻撃航空団長A・ドルーシェル少佐が搭乗していたFw190F-3。

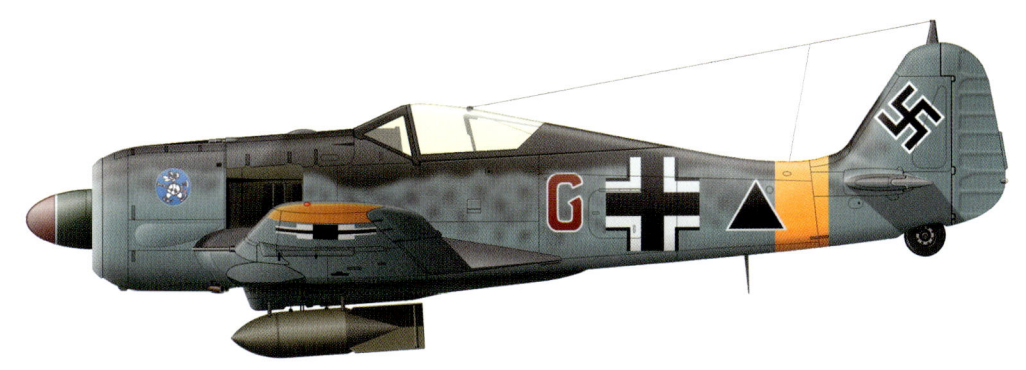

第1地上攻撃航空団第II飛行隊所属のパイロット不詳のFw190F-3。
同機はクルスク戦前夜にアラド社の工場から到着したばかりだった。

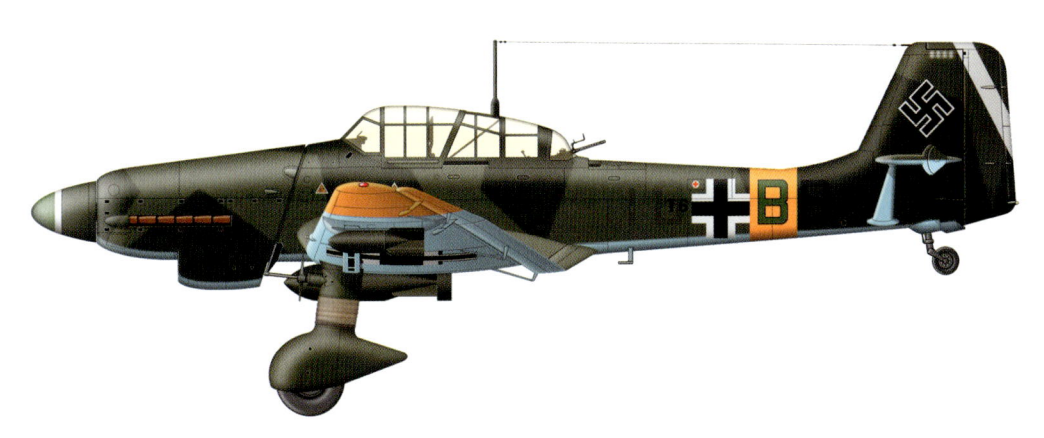

第2急降下爆撃航空団第I飛行隊本部中隊のJu87D-3。

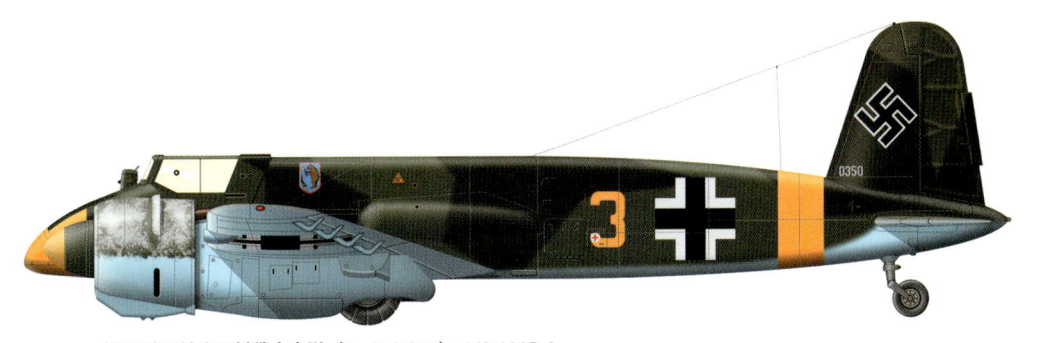

第51戦闘航空団対戦車中隊（Pz.St./JG51）のHs129B-2。

第820襲撃機連隊に配備されていた襲撃機イリユーシンIl-2。
同機は7月5日、対空砲によって深刻な損傷を負ったが、グリニョフ飛行場に帰還した。

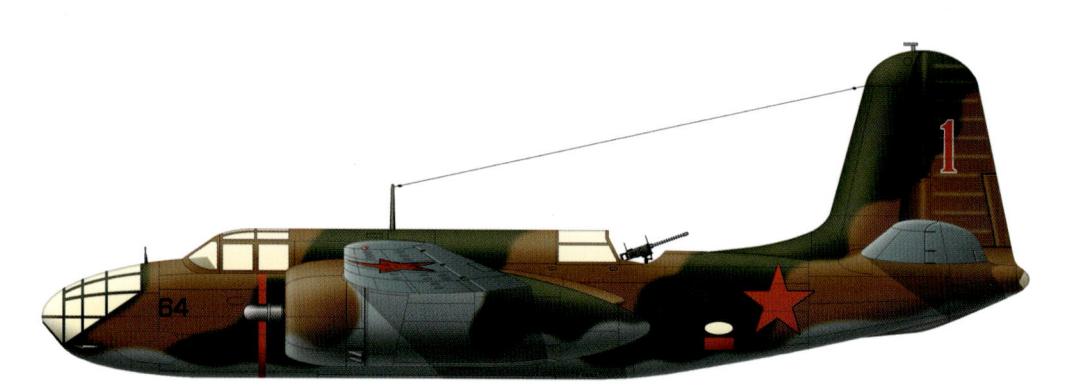

第244爆撃飛行師団の一部隊が保有していたダグラス・ボストン-3爆撃機。

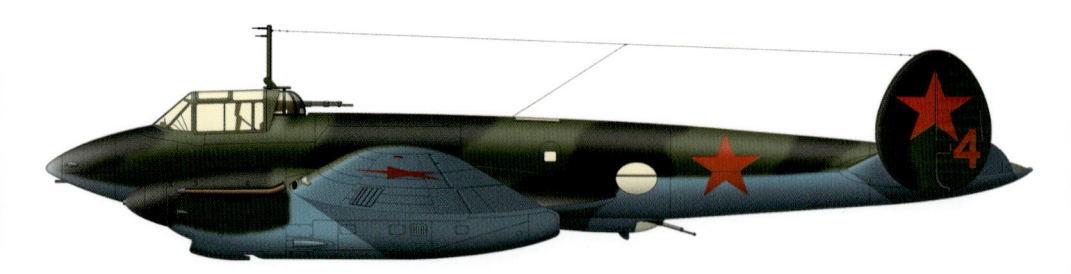

第81親衛爆撃機連隊のN・I・ガペエノク中尉が操縦していたペトリャコフPe-2爆撃機。

も講じている。ドイツ軍の攻勢開始の3日前にソ連の諜報担当者たちは無線傍受データを引き合いに、ブリャンスク及びオリョールの飛行場網から第51、第27、第55各爆撃航空団の他方面への移動が行われていると断言していた。ツィタデレ作戦を支援するための航空部隊を弱めるようなことは、春の終わりごろからはまったく行われていなかったことをここでは指摘しておきたい。それに、第27爆撃航空団『ベルケ』と第55爆撃航空団『グライフ』の隷下部隊は第4航空艦隊の編制に入っており、オリョール・クルスク戦線北面の飛行場は使用していなかった。

しかし、前に列記したような情報はどれも疑問視されることなく、5月から6月の間に第16航空軍の参謀部に届けられていた。より幸運だったのは前線南部の参謀スタッフたちである——ここではドイツ軍の攪乱情報の伝播はそれほど集中的ではなかった。チュグーエフの南東で高射砲射撃によって撃墜された第3戦闘航空団第II飛行隊パイロットのA・フィッシャーは尋問の際、ツィタデレ作戦の集中的な準備はベールゴロドの南西にいた部隊がトマーロフカ地区に集結しだした6月20日以降に始まったと供述した。この捕虜は自分の飛行隊の基地についてだけでなく、その方面に他の部隊（第52戦闘航空団と第51地上攻撃航空団）が移動してきたことも話した。ただし、その航空機数は過少に伝えた。

捕虜のこの情報が入ってきたタイミングはかなり良かったのだが、フィッシャー軍曹は第2航空軍の参謀長F・I・カーチェフ将軍も情報課長F・S・ラーリン中佐も信じ込ませることはできなかった。6月29日に二人は中央方面軍参謀部宛の報告書を作成し、その中では次のような指摘を行った——「連日、昼間には戦車と自動車の機動が前線のすぐ近くで行われ、自軍の有刺鉄線を切断したり、地雷原に通路を開こうとする試みを示威して、おそらく長期防衛戦に移行する真の意図を隠す目的があるようだ。ドイツ軍には攻勢のためのベールゴロド方面の兵力の優勢はない。敵は攻勢課題は設定していないようである」〔85〕。

とはいえ、ソ連軍の参謀スタッフたちはやがてこれに但し書きを付ける。彼らは、ドイツ国防軍は歩兵兵団の増強がなされた場合には、攻勢転移が可能だとの見方を持ったのだ。ところがそこへ新たな情報が入った——敵は歩兵ではなく、戦車部隊を強化中であると。やがて航空偵察隊が、ベールゴロドとハリコフの間にあるムーロムとリプツィーの集落付近に戦車が集結しつつあると伝えてきた。ドイツ戦車は7月1日には前線のすぐ前方のトマーロフカ、ズイビノ、ボリーソフカの各地区とベールゴロド市の外れに確認された。おそらく、これが第48戦車軍団の隷下部隊であったようだ。

このような警戒すべき情報が入った後、ドイツ軍部隊の防衛地帯

84：グルシキーの飛行場で連隊将兵たちに教授している、第27戦闘機連隊長のV・I・ボブローフ中佐。1943年6月。

　の最大10kmにわたる縦深をソ連軍の偵察機が写真撮影した。しかし、ドイツ軍攻撃兵力の主力であるSS第Ⅱ戦車軍団の配置場所を特定することは、ソ連軍飛行士たちはどうしてもできなかった。このことは後にベールゴロド地区での防御戦闘の中で否定的な影響を及ぼすことになる。

　敵が配下部隊の移動を主に夜間に行っていることが分かっているため、第2及び第17航空軍の司令部は夜間の偵察活動を強化させた。偵察は縦深50～100kmにわたってU-2練習機とR-5偵察機、それに経験豊かなSB高速爆撃機が携わった。長距離偵察の任務は主にボストン機の搭乗員たちが遂行した。夜間偵察隊の報告からは、ハリコフから前線に向けて移動するドイツ軍自動車縦隊の数が7月初頭から急増しているものと理解された。偵察機搭乗員たちは例えば7月1日にかかる夜間に、ベールゴロド方向へ移動する200台以上の自動車を確認した。翌日の夜にはさらに3個の縦隊を発見することに成功し、その総数は車両700台と評価された。

　中央方面軍司令部は夜間偵察情報の確認をしばしば求め、朝になると獲得した情報を確かめるために偵察機が飛び立っていった。例えば7月3日にかかる夜に第244爆撃飛行師団所属の飛行士たちは、ベールゴロドとハリコフの間にかなり頻繁な自動車の移動があることを発見した。朝の10時になると師団本部は第17航空軍司令官の命令を受領した――「即刻偵察隊を発進させ、自動車輸送と部隊移動の頻度と方向、ハリコフ～オトラードヌイ、ハリコフ～グライヴォロン、ハリコフ～ボゴドゥーホフ、ハリコフ～ヴァルキーの道路

毎に移動部隊の編制と数量を特定させること。ハリコフから北及び北西に延びる道路にはとりわけ注意すること。重要な情報については無線で伝え、条件に恵まれれば写真撮影をすること」[86]。

この時はドイツ軍の地上部隊の移動のみならず、第4航空艦隊の主力航空団の基地移動も集中的に行われた。第Ⅷ航空軍団の配下には（第Ⅰ及び第Ⅳ航空軍団から）第52戦闘航空団、第2及び第77急降下爆撃航空団、その他の飛行隊や航空団が入り、これらの航空部隊は偽装措置を守りながら、数段階にわたってまずはハリコフの飛行場網を占め、そのいくつかの部隊は攻勢作戦の文字通り前日に前線にもっと近寄り、ベールゴロド地区に入った。ソ連軍の偵察情報によると、7月4日は300機を下らぬ飛行機が17時から18時半の間に飛び交った。このとき例えば、スターリノからポルターヴァへ第100爆撃航空団第Ⅰ飛行隊が戦いに参加するために基地を移している。

このように、ドイツ軍は攻勢に向けた最後の準備を完了しつつあった。ソ連軍の航空偵察部隊と無線傍受機関はこの事実を確認していた。7月4日1600時、短かくも強烈な準備砲撃と、さらにメッサーシュミットに掩護された約80機のユンカースによる攻撃の後、ドイツ軍部隊は戦闘偵察を実行した。南方軍集団司令官マンシュタイン元帥の回想によると、観測所を設置するためにはブートヴォとノーヴァヤ・ゴリャンカの地区で、見晴らしの良い高地にある一連のソ連軍抵抗拠点を占拠しなければならなかった。ドイツ国防軍の将兵はその任務の遂行に成功した。第4航空艦隊の航空部隊は夜遅

85：祝賀整列をして親衛旗を拝受する第263爆撃飛行師団員。クルスク戦の直前に撮影。

くまでベールゴロド方面で224回の出撃をおこなった。双発爆撃機は最前線に加えて、チェルカースコエ地区のソ連軍部隊の近接後方をも爆撃した。

その夜、ドイツ軍の航空部隊にはソ連第2航空軍第5戦闘航空軍団が抵抗した。この空中戦でソ連軍パイロットたちはドイツ軍機10機の撃墜を報告した。他方のドイツ軍は第3爆撃航空団第II飛行隊のJu88A爆撃機2機の損害を認めた。そのうち1機は高射砲の餌食となり、もう1機は第88親衛戦闘機連隊所属のLa-5戦闘機2機に撃破されてラキートノエ地区に不時着し、そこで搭乗員たちはソ連第40軍の隷下部隊に捕虜として捕らえられた。この空中戦で優秀な活躍をしたのは第88親衛戦闘機連隊長のS・S・リムシャ少佐である。まさに彼こそがクルスク防衛戦における第2航空軍の戦果のカウントを始めたのだといえよう〔87〕。

クルスク戦直前の日々、ロコソーフスキー中央方面軍司令官の本営は不安に包まれていた。あらゆる種類の諜報・偵察情報は、第70、第13、第48各軍の隷下部隊が守っているオリョール・クルスク突出地区の付け根にドイツ軍が近々攻撃を発起することを認めるものであった。これらの部隊の火器密度は常に高まっていき、7月の初めにはかつてない水準に達した。とりわけ強大な様相を見せたのがN・P・プーホフ中将指揮下の第13軍の防御で、クルスクへの最短方面を固守していた。強力かつ発達した防御態勢をI・V・ガラーニン中将の第70軍とP・L・ロマネンコ中将の第48軍も整え、そ

86：干草の山に偽装されたT-34中戦車を上空から発見するのはほとんど不可能であった。プローホロフカ地区で撮影。

87：任務遂行中の測距員たち。

れぞれ第13軍の左翼と右翼に陣取っていた。K・K・ロコソーフスキー中央方面軍司令官は計画的防衛戦を最も支持する者の一人で、防衛態勢の強化に向けたあらゆる措置を講じていたことは強調しておかねばなるまい。

　来るべき戦いへのソ連第16航空軍の参加に関しては、中央方面軍司令官の見解が決定的となったようである。航空部隊戦闘運用計画に盛り込まれたドイツ軍飛行場に対する空襲は取りやめとなり、その理由はドイツ軍航空部隊がオリョール近辺の多数の野戦飛行場に散在していること、またソ連側の損害と比較して敵が実感するほどの損害を与えうる確率が高くないことにあった。これらの条件の下、航空部隊の積極運用は放棄し、"初手"は敵に譲ることとなった。

　ソ連側の多くの文書資料や会戦参加者たちの証言の中では、クルスク郊外の防衛線は何よりもまず対戦車防御陣地として構築されたことが強調されている。この点に異議を挟むのは難しい。対戦車防御体系には直接あるいは間接にあらゆる軍砲兵部隊と師団砲兵部隊が組み込まれ、その中にはロケット砲と高射砲も含まれていた。前線全域にわたる砲兵密度は中央方面軍において1kmあたり35門、敵の主攻撃が想定された第13軍地帯では前線1kmあたり92門まで砲兵密度が引き上げられ、しかもいくつかの戦区では125門になったところすらある。すべての砲の3分の1以上が対戦車砲であった。

　しかし、これに劣らぬ注意が対空火器による地上部隊の掩護にも向けられた。高射砲兵器の大半は事前に第1梯団の各軍と強化部隊の掩護のために集結させられていた。しかもその際、高射砲連隊と

109

師団の配置隊形はかなりコンパクトにされ、部隊間相互の射撃連携も維持できるようになった。中央方面軍の掩護地帯（全長306km）には986門の各種高射砲があったのに対して、全長32kmの前線を守る第13軍は中口径砲32門と小口径砲110門、高射機関銃128挺が掩護していた。これらの兵力は高射砲師団2個（第1及び第25）と独立連隊1個に編成され、中低空に対するきわめて高い対空射撃密度を確保することができた〔88〕。

　7月2日の朝に中央方面軍とヴォロネジ方面軍がスターフカからドイツ軍の攻勢転移の可能性について警告を受領してから、疲労困憊の日々が3日間経過した。しかしドイツ軍部隊に積極さは見られない。中央方面軍司令部は、突撃準備をした敵に対して3個軍の全砲兵と第16航空軍を動員した大規模な火力襲撃を事前に計画していた。1,000門を超える火砲と迫撃砲による打撃と攻撃機による空襲は、ドイツ軍の攻勢を初っ端から挫くためのものであった。しかし、この企図を確実にするには敵の攻撃発起時間を正確に知っておく必要があった。逃亡者たちから得られた情報は決定的な出来事が迫りつつあることを伝えてはいたが、それが"いつなのか?"の問いには答えが定まらない。7月4日の夕刻、隣のヴォロネジ方面軍に対してドイツ軍が戦闘偵察を行ってようやく、長らく予想されていたドイツ軍の攻勢開始が間近であることが判明したのである。そして確かに、翌朝には壮大な戦いが繰り広げられていた。

88：戦闘任務に向かうPe-2爆撃機の編隊。

89：オリョール・クルスク戦線地区に続々と集結するドイツ軍部隊。

第1章　資料出所

ИСТОЧНИКИ

1. Rokovye resheniya. Per. s angl. M.:1958. S.210/『破滅の決断』英書露訳版　モスクワ　1958年刊　210頁
2. Manshtein E. Uteryannye pobedy. Per. s nem. M.:1999. S.517,518/ E・マンシュタイン著『失われた勝利』独書露訳版　モスクワ　1999年刊　517～518頁
3. Russkij arkhiv. Velikaya Otechestvennaya. T.15（4-4）M.:1997. S.431/「ロシアのアーカイブ」シリーズ『大祖国戦争』巻15（4・4）モスクワ　1997年刊　431頁
4. E・マンシュタイン著前掲書　525頁
5. Ot "Barbarossy" do "Terminala". Vzglyad s Zapada. M.:1988. S.274/『"バルバロッサ"から"ターミナル"まで　西側の視点』モスクワ　1988年刊　274頁
6. 「ロシアのアーカイブ」シリーズ前掲書　17頁
7. 同上　18頁
8. Solov'ev B.G. Vermakht na puti k gibeli. M.:1973. S.96,97/ B・G・ソロヴィヨフ著『ドイツ国防軍　死への道』モスクワ　1973年刊　96～97頁
9. Kurskaya bitva. M.:1970. S.500/『クルスクの戦い』モスクワ　1970年刊　500頁
10. Rossijskij gosudarstvennyj arkhiv ekonomiki (RGAE)．F.8044. Op.1. D.3229. L.16,17/ ロシア国立経済公文書館（RGAE）フォンド8044、ファイル目録1、ファイル3229、16～17葉
11. Zbornik materialov po izucheniyu opyta vojny. No11. M.:1944. S.162/『戦例研究資料集』第11号　モスクワ　1944年刊　162頁
12. Boevoj Sostav Sovetskoj Armii. Ch.3. M.:1972. S.170/『ソヴィエト軍の戦闘編制』第3部　モスクワ　1972年刊　170頁
13. Central'nyi arkhiv Ministerstva oborony Rossijskoj Federacii（CAMO RF）．F.35. Op.74313. D.16. L.145-159/ ロシア連邦国防省中央文書館（以下、CAMO RF）フォンド35、ファイル目録74313、ファイル16、145～159葉
14. 同上、ファイル目録11333、ファイル23、170葉
15. Deutschland im Zweiten Weltkrieg. Bd.3. Berlin:1979. S.154; Bundesarchiv/Militararchiv (BA/MA) RL 2 III/622. "Generalquartirmeister 6. Abt. Frontflugzeuge, Monatsmeldungen. Januar bis Juni 1943."/『第二次世界大戦のドイツ』巻3　ベルリン　1979年刊　154頁;ドイツ連邦公文書館軍事文書庫（BA/MA）RL2III/622「第6航空艦隊主計官月報　1943年1月～6月」
16. Kratkij obzor deyatel'nosti VVS protivnika v iyune 1943g. No19. M.:1943. S.9/ 1943年6月の敵空軍行動の概略　第19号　モスクワ　1943年刊　9頁
17. Groehler. O. Geschihter des Luftkriegs. Berlin:1981. S.354; BA/MA RL 2 III/878. "Flugzeugbestand und bewegungsmeldungen"./ グレーラー著『航空戦』ベルリン　1981年刊　354頁;BA/MA RL2 III/878「航空機在庫と活動報告」に依拠して作成
18. Klink E. Das gesetz des Handeles. Die operation "Zitadele"1943. Stuttgart:1966. S.191,193/ E・クリンク著『1943年の"ツィタデレ"作戦の研究』シュトゥットガルト　1966年刊　191,193頁
19. 前掲BA/MA RL 2 III/878「航空機在庫と活動報告」に依拠して作成
20. Dashichef V.I. Bankrotstvo strategii germanskogo fashizma. T.2. M.:1973. S.409/ V・I・ダーシチェフ著『ドイツファシズム戦略の破産』巻2　モスクワ　1973年刊　409頁
21. 同上
22. E・クリンク著前掲書　192頁
23. 同上　191～192頁
24. Sovetskie Voenno-Vozdushnye sily v Velikoj Otechestvennoj vojne 1941-1945gg. Sb. dok. No3. M.:1959. S.54-59/『大祖国戦争のソヴィエト空軍　1941～1945年』文書集　第3号　モスクワ　1959年刊　54～59頁
25. CAMO RF　フォンド302、ファイル目録4196、ファイル24、74葉
26. 同上　フォンド368、ファイル目録15035、ファイル1、189葉
27. Sovetskie Voenno-Vozdushnye sily v Velikoj Otechestvennoj vojne 1941-1945gg. M.:1968. S.177/『大祖国戦争のソヴィエト空軍　1941～1945年』モスクワ　1968年刊　177頁
28. Kozhevnikov M.N. Komandovanie i shtab Sovetskoj Armii v Velikoj Otechestvennoj vojne 1941-1945gg. M.:1975. S.132/ M・N・コジェーヴニコフ著『大祖国戦争におけるソヴィエト軍の司令部と参謀部　1941～1945年』モスクワ　1975年刊　132頁
29. Rear Area Security in Russia. The Soviet Second Front Behind the German Lines. Washington:1951. P.27/『ロシアの後方上空防衛　ドイツ戦線後背のソヴィエト第2戦線』ワシントン　1951年刊　27頁
30. Mazurov E.T. Nezabyvaemoe. Minsk:1987. S.271/ E・T・マズーロフ著『忘れえぬもの』ミンスク　1987年刊　271頁
31. 前掲『ロシアの後方上空防衛』28～29頁

32. Cykin A.D. Dal'nyaya aviaciya v bitve pod Kurskom. M.:1953. S.38. Diss. na soisk. uch. st. kand. ist. nauk./ A・D・ツイキン『長距離航空軍　クルスク郊外の戦い』モスクワ　1953年発行　38頁（歴史学準博士論文）
33. CAMO RF　第3親衛長距離航空軍フォンド、ファイル目録1、ファイル12、9葉
34. E・クリンク著前掲書　193頁;BA/MA RL 2 III/878「航空機在庫と活動報告」に依拠して作成
35. Vojska Protivovozdushnoj oborony strany v Velikoj Otechestvennoj vojne. T.2. M.:1955. S.54/『大祖国戦争におけるわが国の防空軍部隊』巻2　モスクワ　1955年刊　54頁
36. 前掲『クルスクの戦い』268頁
37. CAMO RF　フォンド368、ファイル目録11538、ファイル3、114葉
38. Vojska Protivovozdushnoj oborony strany v Velikoj Otechestvennoj vojne. T.1. M.:1954. S.135/『大祖国戦争におけるわが国の防空軍部隊』巻1　モスクワ　1954年刊　135頁
39. 前掲『第二次世界大戦のドイツ』533～537頁
40. Kriegstagebuch des Oberkommandos der Wehrmacht 1940-1945. Bd.3. Teil 1. Frankfurt am Main:1963. S.715/『ドイツ国防軍総司令部戦闘日誌　1940～1945』巻3　第1部　フランクフルト・マイン　1963年刊　715頁
41. Krowski F. Luftwaffe uber Russland. Rastadt:1987. S.244,245/ F・クロウスキ著『ロシア上空のルフトヴァッフェ』ラシュタット　1987年刊　244～245頁
42. BA/MA RL 2 III/878「航空機在庫と活動報告」
43. CAMO RF　フォンド35、ファイル目録11280、ファイル491、65葉
44. 同上　フォンド368、ファイル目録6476、ファイル61、53葉
45. Vernidub I.I. Na peredovoj linii tyla. M.:1994. S.542,543/ I・I・ヴェルニドゥーブ著『後方の最前線にて』モスクワ　1994年刊　542～543頁
46. Pyr'ev E.V.,Reznichenko S.N. Bombarirovochnoe vooruzhenie aviacii Rossii 1912-1945gg. M.:2001. S.365,366/ E・V・プイリエフ、S・N・レズニチェンコ共著『ロシア空軍の爆撃兵器　1912年～1945年』モスクワ　2001年刊　365～366頁
47. Yakovlev A.S. Cel' zhizni. (Zapiski aviakonstruktora) M.:1967. S.329-331/ A・S・ヤーコヴレフ著『人生の目的　（航空機設計者の手記）』モスクワ　1967年刊　329～331頁
48. RGAE　フォンド8044、ファイル目録1、ファイル998、260葉
49. CAMO RF　フォンド368、ファイル目録6476、ファイル87、371葉
50. RGAE　フォンド8044、ファイル目録1、ファイル997、287葉
51. CAMO RF　フォンド302、ファイル目録4196、ファイル29、巻1、343葉；RGAE　フォンド8044、ファイル目録1、ファイル997、212葉
52. A・S・ヤーコヴレフ著前掲書　332頁
53. Newton S. Kursk. The German View. New York:2003. P.183/ S・ニュートン著『クルスク　ドイツの視点』ニューヨーク　2003年刊　183頁
54. CAMO RF　フォンド368、ファイル目録6476、ファイル87、371葉
55. 同上　ファイル61、43～45葉
56. RGAE　フォンド8044、ファイル目録1、ファイル997、271葉
57. CAMO RF　第1予備飛行旅団フォンド、ファイル目録1、ファイル24、55葉
58. 同上　フォンド35、ファイル目録11321、ファイル447、57～58葉
59. M・N・コジェーヴニコフ著前掲書　138頁
60. CAMO RF　第1予備飛行旅団フォンド、ファイル目録1、ファイル5、1葉
61. 同上
62. 同上　ファイル24、52葉
63. Smirnov B.A. Nebo moej molodosti. M.:1990. S.227/ B・A・スミルノフ著『わが青春の空』モスクワ　1990年刊　227頁
64. Kiehl H. Kampfgeschwader "Legion Condor"53. Stuttgart:1983. S.261/ H・キール著『第53爆撃航空団レギオン・コンドル』シュトゥットガルト　1983年刊　261頁
65. BA/MA RL 2 III/878. "Flugzeugunfaelle und Verluste den（fliegende）Verbaenden"./ BA/MA RL 2 III/878「（航空）艦隊の航空事故と損害」
66. Murray W. Luftwaffe. Baltimore:1985. P.292/ ミューレイ著『ルフトヴァッフェ』ボルティモア　1985年刊　292頁
67. CAMO RF　フォンド319、ファイル目録4800、ファイル89、101葉
68. 同上　第322戦闘飛行師団フォンド、ファイル目録1、ファイル7、26葉
69. 同上　フォンド366、ファイル目録6469、ファイル56、100～101葉
70. 同上　フォンド35、ファイル目録11333、ファイル23、170葉
71. 同上　第8親衛爆撃飛行師団フォンド、ファイル目録1、ファイル8G、2葉
72. 同上　フォンド368、ファイル目録6476、ファイル61、43葉
73. 同上　45葉

74. Rado S. Dora Meldet. Berlin:1974. S.344/ S・ラド著『ドーラ・メルデット』 ベルリン 1974年刊 344頁
75. 前掲『第二世界大戦のドイツ』 546～547頁
76. CAMO RF　第16独立長距離偵察機連隊フォンド、ファイル目録49449、ファイル1、21～22葉
77. Mellentin F. Tankovye srazheniya. Per. s nem. M.:2000. S.272/ F・メレンチン著『戦車の戦い』 独書露訳版 モスクワ 2000年刊 272頁
78. CAMO RF　第3親衛戦闘飛行師団フォンド、ファイル目録1、ファイル13、93葉
79. F・メレンチン著前掲書 P.273
80. CAMO RF　フォンド69、ファイル目録260662、ファイル4、5～6葉
81. Krasovskiy S.A. Zhizn' v aviacii. Minsk:1976. S.163,164/ S・A・クラソーフスキー著『空軍人生』 ミンスク 1976年刊 163～164頁
82. CAMO RF　フォンド302、ファイル目録4196、ファイル48、74葉裏面
83. 同上　第3親衛戦闘飛行師団フォンド、ファイル目録1、ファイル13、97葉
84. 同上　105葉
85. 同上　フォンド35、ファイル目録11280、ファイル491、97葉
86. 同上　第244爆撃飛行師団フォンド、ファイル目録1、ファイル14、435葉
87. 同上　第8親衛戦闘飛行師団フォンド、ファイル目録1、ファイル30、143葉
88. Bitva pod Kurskom. Kn.1. Oboronitel'noe srazhenie. M.:1946. S.83/『クルスクの戦い 巻1　防衛戦』 モスクワ 1946年刊 83頁

90：襲撃機連隊内の記念集会――スターリン同志の命令が読み上げられている。

第2章
轟々たる響き──『ツィタデレ』(上)
ЭТО ГРОЗНОЕ СЛОВО–«ЦИТАДЕЛЬ»

大会戦始まる
БИТВА НАЧАЛАСЬ

　午前零時近く、中央方面軍参謀部に重要な情報が入った。緩衝地帯でソ連軍偵察隊がドイツ軍工兵隊との小さな夜戦で"舌"の捕獲に成功したことが分かったのだ。捕虜は第13軍参謀部での尋問で、彼の工兵隊には最前線の地雷原に通路を啓開する任務があったことを供述した。ドイツ軍部隊は捕虜の話によると、7月5日朝3時に攻勢に移ることになっていた。

　このことがK・K・ロコソーフスキー上級大将に報告されたとき、決断すべき選択肢を検討する時間はもはや実質的に残されていなかった。G・K・ジューコフ元帥との短い協議の結果、暗闇に飛行機を飛ばすことは無意味であると認められ、方面軍司令官は準備砲撃の開始を命じた。0220時、中央方面軍の砲兵部隊はドイツ軍部隊の陣地に対して砲火を開いた。しかし、この砲撃はドイツ軍の計画を挫くには至らなかった。ドイツ軍防御陣地の偵察が不十分であったため、射撃は概ね面に対して行われた。第70軍の砲兵部隊は準備砲撃に遅れて参加した。ドイツ軍陣地の何よりもまず通信線を乱し、観測所を壊し、多数の火砲と迫撃砲を使用不能にすることに成功した。ジューコフ元帥の言葉を借りると、それでもやはり敵は"大量の犠牲を免れ"、かなり迅速に部隊の態勢を整えることができた〔1〕。0440時にドイツ軍砲兵は中央方面軍部隊に向かって砲声を投げ返し、上空にはドイツ軍機の最初の集団が姿を見せた。ほぼ2カ月間におよぶクルスク大会戦の始まりである。

　このときスターリンの執務室にいた長距離航空軍のA・E・ゴロヴァーノフ司令官は、クルスク戦の始まりを次のように回想する──「急ぐ風もなく、スターリンはパイプを持ち上げた。ロコソーフスキーが電話をかけてきた。

　彼は報告する──

　『同志スターリン！ドイツ軍が攻勢を開始しました！』。

　『何を貴官は喜んでいるのかね?』──最高総司令官は尋ねた。

　『今や勝利は我々のものとなりましょう、同志スターリン』──コンスタンチン・コンスタンチーノヴィチ［ロコソーフスキーの名］は答える。

115

91：第51戦闘航空団第III飛行隊のフォッケウルフFw190（赤の9）。パイロットの出撃準備が完了。戦いは始まった！

　スターリンは電話の受話器を置いて、しばし沈黙した後で口を開いた──
　『やはりロコソーフスキーはまたしても正しい』──そして私に向かって付け加えた──
　『出発してほしい、クルスクへ。ジューコフと連絡を取って、彼らを現地で助けてもらいたい』[2]。
　ドイツ軍の第6航空艦隊航空部隊の当初の運用計画もソ連軍飛行場に対する空襲を想定していたことは興味深い。艦隊参謀部は第1航空師団に次の命令を発した──「兵団［第1航空師団］の最初の戦闘出撃はクルスク地区の飛行機が密集したロシア軍の飛行場に向かわせ、戦力の一部をマロアルハンゲリスク周辺の砲兵陣地制圧に割くこと」[3]。しかし、偵察機搭乗員たちからの報告を分析し、多数の写真フィルムを入念にチェックしたドイツ軍司令部はこう悟った──このような事態の展開に第16航空軍の100箇所を超える飛行場は用意ができており（航空機は迷彩を施されて分散配置され、その多くは遮蔽物の中にあり、飛行場は対空兵器によってよく守られている）、このときはドイツ軍パイロットたちは飛行場への空襲を一度も行わなかった。
　ところで、中央方面軍参謀部の後方機関の仕事ぶりに対する評価は、敵からの評価よりも厳しかった。同参謀部は戦闘部隊や重要な後方施設、軍の倉庫や基地の偽装措置に不満であった。7月3日の夕刻に中央方面軍司令官が各部隊に送った訓令には、偽装を改善する必要性が指摘してあった。ロコソーフスキー司令官はドイツ軍偵

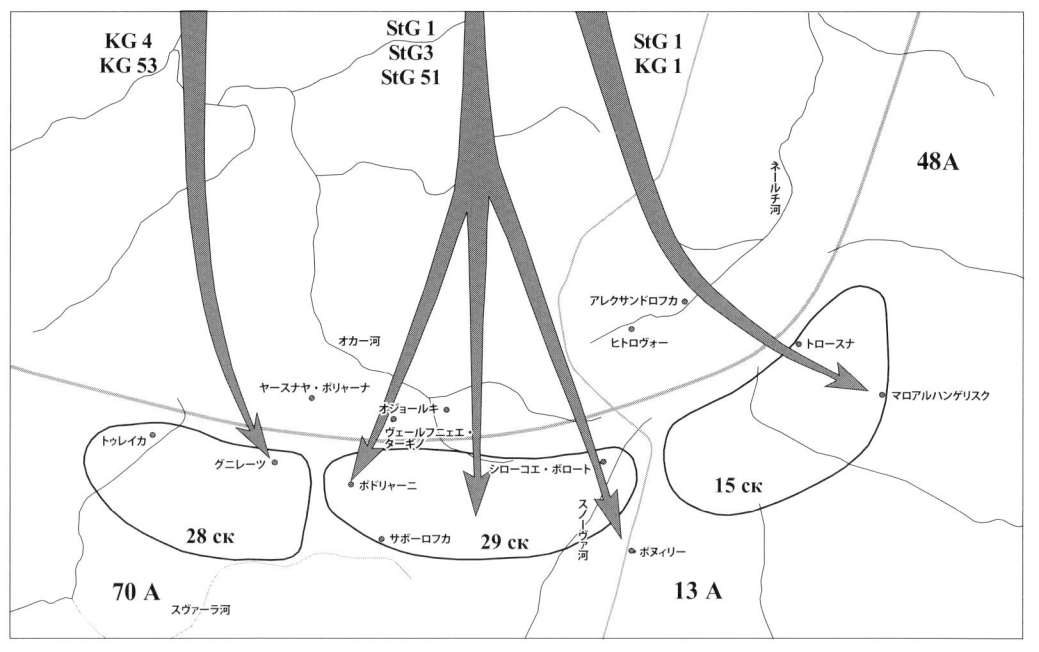

7月5日のルフトヴァッフェの戦闘活動

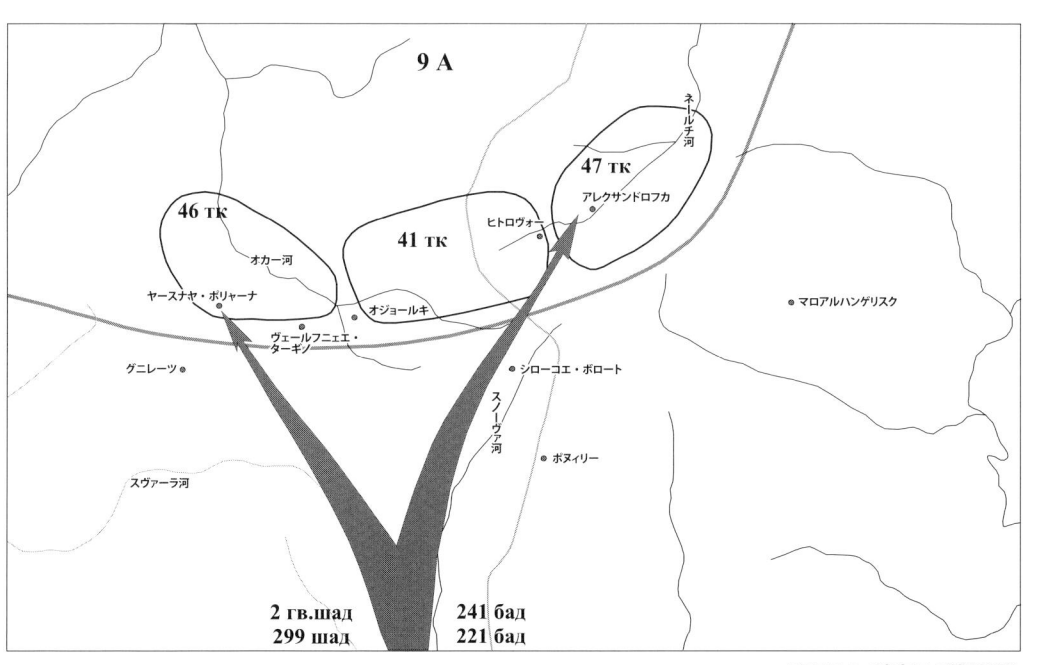

7月5日のソ連空軍の戦闘活動

117

92：戦闘任務に向かうドイツ軍Ju87急降下爆撃機の集団。

93：撃墜された第1急降下爆撃航空団第I飛行隊のJu87D。墜落地点に、オートバイと馬に乗って到着した赤軍兵。

*ここではこれまでの引用同様にモスクワ時間であり、ドイツ軍が計る中央ヨーロッパ時間より1時間遅れている。

察機の連絡内容の無線傍受データを引用してこう結論している——敵は容易に上空から我々の最重要目標を見抜いている。至急、多数の偽の倉庫や飛行場、渡河施設……の建設も含めた実効ある措置を採ることが求められる。

「7月5日にかかる夜、第4爆撃航空団第Ⅱ飛行隊長のR・グラウブナー少佐は全体的な状況を把握した後で部下に対して、司令官のR・フォン・グライム大将が来るべき戦いの意義を強調した命令を読み上げた、——『ヴェーファー将軍』航空団の元隊員たちは振り返る。——0325時、パイロットたちは発動された作戦の支援に出撃した」[4]。

　0430時頃*に現れた爆撃機の行動は、ソ連軍防衛線の突破に寄与することを目的としていた。第51爆撃航空団第Ⅱ飛行隊所属のJu88約20機が"梯形"編隊で高度約500mから、そして第4爆撃航空団第Ⅱ飛行隊及び第53爆撃航空団第Ⅰ、第Ⅲ飛行隊の60機を下らぬHe111が"楔形"隊形で高度600〜2,500mから進入し、飛行経路から直接"死の荷物"を第15狙撃兵軍団第148狙撃兵師団の陣地に投下した。ドイツ軍の飛行士たちは"長機に倣え"式に大量に爆弾を投下し、急反転して友軍地域に出て行った。

　そのわずか数分後には、第1急降下爆撃航空団所属の3個の大きなユンカース集団が角度の深い急降下から破砕爆弾を小さな林に隠れたソ連軍砲兵陣地にばら撒いた。爆発は前の混成部隊の襲撃のときよりもやや北寄りで観察された。Ju87に対する直接掩護は、それまでのJu88とHe111に対するのと同様に、少数のパトロール戦闘機によるものだけであった。上空に一挙に多数の機体が出現することによる意外性の効果をドイツ軍は期待したようである。いくつかの空中集団戦は最初の時間帯に火花を散らし、その中で第1親衛

94：空中戦の推移を見守る赤軍部隊の兵。

119

戦闘飛行師団のパイロットたちは急降下爆撃機を1機撃墜した。

第70軍の将兵たちは、第1急降下爆撃航空団第7中隊のJu87D-3（製造番号1118）の搭乗員を捕虜にすることに成功した。パイロットのH・ハイル伍長と彼の銃手兼無線手はソ連軍飛行士たちの最初の犠牲になったのだと、大きな自信をもっていえる。彼らは尋問の際にソ連軍戦闘機部隊の抵抗について語った──「我々は7月3日にソ独戦線へユーゴスラヴィアから到着した。7月5日0215時、我らが航空団はロシア軍の防御に対する爆撃命令を受領した。我々がまだ爆弾を投下しないうちに、我が爆撃機『ユンカース87』はソ連戦闘機によって発火した。我々はソヴィエトの空軍と高射砲の強力な抵抗を予想していたことは認める。しかし、ロシア軍パイロットたちの頑健な抵抗はあらゆる想像を凌駕し、我々に衝撃を与えた」[5]。ソ連軍戦闘機についてこれほど自尊心をくすぐるような評価は、ソヴィエトプロパガンダの脇を素通りするはずがなかった。撃墜された搭乗員たちの供述はソ連情報局がすぐさま直後の放送の一つで引用した。

この尋問調書の内容は、第1急降下爆撃航空団第7中隊長ベルベリヒ大尉の報告書によっても間接的に確認できる──「マロアルハンゲリスクより西の目標から離脱する際、1機のユンカースの背後に煙の跡が視認された──おそらく同機は高射砲に撃たれたのだろう。搭乗員たちは2日前にパーニチェヴォ飛行場（ベオグラード郊外）から到着したが、現地では第151急降下爆撃航空団第I戦闘訓練飛行隊で我らが航空団のための補充が養成されている」[6]。ソ連戦闘機（ソ連側資料によると第54親衛戦闘機連隊の所属機）の攻撃は、他の急降下爆撃機搭乗員たちの誰の目にも留まらなかったとものと想像される。

第1急降下爆撃航空団第III飛行隊長のF・ラング大尉の回想では、1943年の5月から6月にかけての、クルスクの諸目標に対する空襲が大きく取り上げられている。あらゆる対空兵器による強力な抵抗がある中で遠隔の目標を攻撃することは、ルフトヴァッフェの司令部も確かにかなり危険であると判断し、実際に他の部隊では急降下爆撃機の大きな損失につながったが、そういう中にあってラング飛行隊は搭乗員と機体を維持していた[7]。だが、クルスク戦の初日にソ連軍の支配地帯を空襲した際に3機のJu87が失われ、さらに2～3機が損傷を受けてしまった。急降下爆撃機の主な敵は対空火器であった。中でも第9中隊長のH・ローデ中尉は、砲弾でひどく破損した"シュトゥーカ"を平野に降ろす際に前のめりになり、機体は鉄くずの山と化した。搭乗員たちは砲弾の破片による軽傷と多くの打撲を負った。

7月5日のドイツ軍航空攻撃部隊の出撃は実質的にすべて、ソ連

95：集合した第92戦闘機連隊の指揮官。

96：S・シビール大尉とその乗機、Yak-7b。

97：飛行する6./KG51のJu88A爆撃機。機首下面のゴンドラに装備されたMGFF航空機関砲が確認できる。

98：バルイビン中尉の高射砲射撃班は敵機を4機撃墜した。

軍の砲兵陣地と抵抗拠点、攻勢地区の戦車の破壊を目指したものであった。特に強力な支援を受けたのは、ティーガー独立重戦車大隊と総司令部予備突撃砲3個大隊から編成され、ポヌィリー駅に続く鉄道線路に沿って進撃していたカール少佐の混成部隊である。ドイツ軍機の一群が去ってわずか10～15分後には別の一群が姿を見せていた。これらのグループはそれぞれ20～60機を数えた。7月5日1100時までに対空監視哨は1千機に上る敵機の上空通過を記録し、そのうち約800機は爆撃機と急降下爆撃機によるものであった。「今やすでに、ドイツ空軍の戦術にいくらかの変化を見て取ることができる、——ソ連軍の目撃者たちはこう指摘する。——例えば、ドイツ軍司令部は地上部隊の進撃の前に準備空襲を実施しない。以前は通信・輸送網や飛行場に対する準備空襲がしばしば攻撃の数日前に始まっていた。その後空襲は強まり、防御戦闘を展開する部隊への集中的な攻撃で締めくくられていた。ところが今はそのようなことはドイツ軍はまったく行わない。前線での静けさが過ぎ去ると、敵は強化した準備砲撃を始め、砲撃の終わりごろに航空部隊を戦場に送り込んでいる。このように従来の空軍運用戦術から後退することで、ドイツ軍は攻勢準備の秘匿性を守ろうとしたのかもしれない」〔8〕。

　ルフトヴァッフェは、クルスク攻勢開始時のような形で長距離砲の役を演じたことは、それまでまったくなかった。こうなった理由はかなりな程度、砲兵力の集中が不十分であったことで説明されよう。主攻撃方面にはドイツ第9軍の火砲及び迫撃砲3,500門に対して、ソ連中央方面軍には約5,000門の各種砲兵器があった。ドイツ軍は第13軍の前線突破戦区でのみ、総司令部予備突撃砲連隊10個

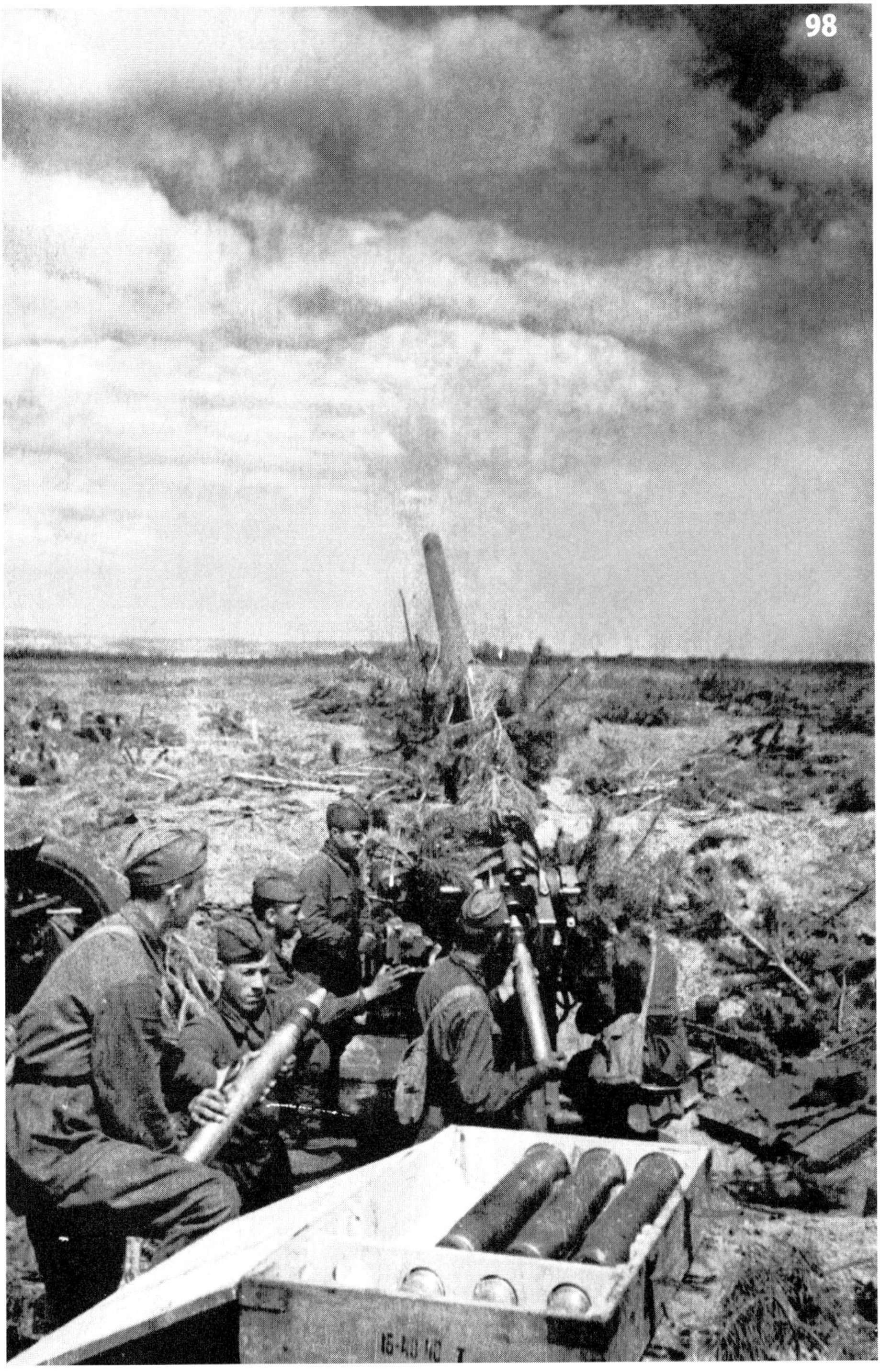
98
16-40 40

99：戦闘隊形で飛行する第53爆撃航空団『レギオン・コンドル』飛行隊のHe111爆撃機。

と重迫撃砲連隊4個を使用することで、若干の砲兵の優勢を達成することができたにすぎなかった（2,050門対1,860門）。

このドイツ軍の砲撃に対して数千のソ連軍の火砲が砲声を投げ返した。長距離航空軍第8親衛爆撃機連隊のIl-4爆撃手のV・F・ロシチェンコ中尉は次のように振り返る——「7月5日にかかる夜、我らが航空機は敵の大鉄道拠点の爆撃から戻るところだった。我々はすでに遠くから、前線上に何やら想像のつかないものを目にした。両方から火砲と迫撃砲の集中的な射撃が続き、所々に火災が発生していた……」〔9〕。

会戦の最初からドイツ軍の高射部隊は、攻撃中の戦車及び歩兵師団と第9軍の最重要後方連絡路の掩護を行っていた。初日の午前中はソ連軍航空部隊の活動が比較的消極的で、ドイツ軍の防空システムに深刻な問題は起きなかった。今回のドイツ軍の攻勢発起の特徴として、航空機のきわめて大規模な使用だけでなく、中口径対空砲の珍しい用法が挙げられる。第12対空砲師団長のE・ブッファ中将は、最前線に配置された中隊を準備砲撃に参加させるよう命じられたが、それは命令文書に指摘されたように、"特別な状況" によるものとされた〔10〕。

日の出とともにソ連第16航空軍は戦闘準備態勢のレベルを高めた。同軍司令官のS・I・ルデンコ中将は7月5日に次のように命じた——「戦闘機の三分の一は黎明とともに、予想される敵機来襲に

124

反撃できるよう準備せよ。残る戦闘機は戦闘命令第0048号を特別指示によって30分間のうちに遂行できる態勢にあること（1943年6月20日付で下された、オリョール・クルスク方面における敵攻を挫く航空機戦闘行動に関する命令：著者注）。襲撃機ならびに爆撃機の三分の一は0600時より、また残りは30分間に戦闘命令第0048号を特別指示によって遂行できる態勢にあること」[11]。

　航空部隊の任務は各航空兵団の書類にもっと具体的に記されていた。7月4日付の第3爆撃航空軍団参謀部の戦闘命令第0027号から抜粋しよう。そこには次のように指示されている――「1.　敵はトロースナ、ヒトロヴォー、ボゴドゥーホフ、クロームィの地区に部隊を集結し、また集結を続行中で、攻勢の準備をしているようである。敵の爆撃機部隊及び戦闘機部隊はオリョールとブリャンスクの飛行場に集結し、わが飛行場や輸送路や部隊本部を盛んに偵察している。2.　敵の攻勢転移の際は第3爆撃航空軍団は第6戦闘航空軍団の戦闘機の随伴の下、9機編隊14個でもって敵の主攻撃方面の人員と兵器に大々的な爆撃を行う。3.　第301爆撃飛行師団は第6戦闘航空軍団戦闘機の随伴の下、9機編隊7個でもって敵の主攻撃方面の人員と兵器を殲滅する。4.　第241爆撃飛行師団は第6戦闘航空軍団戦闘機の随伴の下、9機編隊7個でもって敵の主攻撃方面において人員と兵器を殲滅する」[12]。

　計画によると、進撃してくる敵を即座に反撃すべき第3爆撃航空軍団爆撃機を掩護するのは、ただ第192戦闘機連隊のみであった。第6戦闘航空軍団の残る5個連隊（第273及び279戦闘飛行師団の編制下にある）に対しては、軍団司令官が6月末の時点で敵の攻勢転移の際に制空権を獲得する任務を与えていた。そして、4個連隊は第1親衛戦闘飛行師団のパイロットたちと連携して会戦開始直後に敵航空部隊の活動を挫く準備をし、第157戦闘機連隊はソ連軍兵力の強化に使用することが企図された。この連隊は1943年の冬と春に第3航空軍の優秀なエースたちで補充され、人材の点では最も優れた連隊の一つだとみなされていた。2名のパイロットがすでに金星勲章を受章しており、さらに4名がその後もっと上級の勲章を授かったのも偶然ではないのだ。クルスク戦前夜にこの部隊には多数の若手人員が編入されたが、それでも司令部は依然として第157戦闘機連隊に特別の期待を寄せていた。そしてまさにV・F・ヴォルコフ少佐（第157戦闘機連隊長）の部下たちこそが、7月5日朝のドイツ軍機の大群と最も激烈過酷な空中戦の一つを繰り広げることになったのである。

　哨戒飛行の際に18機のYak-1及びYak-7bは2個のグループに分かれた。敵の爆撃機を攻撃する8機の攻撃グループはソ連邦英雄のV・N・ザレーフスキー大尉が率い、10機の掩護グループは連隊長が

指揮した。前線に到達しないうちに彼らは自分たちの下にJu88とFw190の大群がいるのに気づいた。ドイツ軍の戦闘機は爆撃機のすぐそばに随伴するのではなく、2機または4機の編隊で様々な高度で哨戒飛行を行っていた。

　ザレーフスキー大尉は指揮下のグループとともに雲を利用してユンカースの背後に進入を始め、それと同時にヴォルコフ少佐のパイロットたちは掩護戦闘機との格闘に突入した。しかし攻撃担当のザレーフスキーグループは攻撃を確実にすることはできなかった——フォッケウルフがヤク戦闘機を全部戦闘に拘束しようとしたからだ。それでも4機のYak-7bが爆撃機に突進し、近距離からの射撃でJu88を3機撃破した。だが、攻撃に夢中になっていたソ連軍パイロットたちは、背後から壊滅的な射撃を浴びせる敵にすぐ気がつかなかった。ザレーフスキー大尉とM・A・アヌフリーエフ上級中尉は撃墜され、二人とも重傷を負いながら、パラシュートでソ連第2戦車軍の展開地区上空に飛び出した。やや後にザレーフスキーは病院で死亡し、赤旗勲章が死後追贈された。さらに2機のYak-7bを不時着の際の事故で失ったが、第157戦闘機連隊のパイロットたちは敵機9機の撃滅を報告した。司令部はこの数字は過大であると判断し、戦果は3機のJu88と2機のFw190とした。

　ドイツ側の資料が主張するところでは、ヤク戦闘機との戦いにおける唯一の損害はJu88A（製造番号144659）であった。ルフトヴァッフェの文書資料によると、第1爆撃航空団第8中隊長のH・ミヒャエル大尉と搭乗員たちは飛行場に帰還しなかった。砲弾にやられ

100・101：撃破されたソ連戦車。このうちのいくつかはドイツ軍の空襲の犠牲となった可能性がある。

100

た搭乗機が空中で爆発したからだ。ミヒャエルはレニングラードとスターリングラードの戦いで優れた活躍をし、全部で282回の出撃を行っていた。そして死後、騎士十字章を受章した〔13〕。7月5日は第1爆撃航空団第Ⅲ飛行隊のさらに3機のJu88が、損傷を受けて友軍飛行場に緊急着陸した。この日の空中戦では第51爆撃航空団（同様にJu88で戦った）も小さな損害を蒙った。ところが、ソ連軍パイロットたちは報告の中で、ほぼ毎回の格闘でユンカースが墜落あるいは空中で爆発したと指摘していた（このような敵機13機が第6戦闘航空軍団の、そして6機が第1親衛戦闘飛行師団の戦果とされた）。

　ソ連軍航空部隊は飛行場で戦闘態勢を完全に整え、7月5日の早朝は攻勢転移した敵に対する戦闘行動開始命令を待つばかりのようだった。だが、その後の出来事が示すとおり、第16航空軍の司令部、そしてそれ以上に参謀将校たちは、このような事態の展開を予想していなかった。ルフトヴァッフェの強大な圧力に対抗する適切な措置を迅速に講じることが、戦闘機部隊の師団長にも軍団長にもできなかった。ドイツ軍は戦いのイニシアチブをしっかりと掌中に握っていた。

　敵に与えたとされる大損害の報告は、開戦初日の朝の悲劇をいくらか粉飾するためだったのかもしれない。いくつかのソ連軍戦闘機部隊はドイツ軍の攻撃機に対して射程距離まで近づくことができなかったばかりか、自分たちにフォッケウルフが常時いろんな方向から襲い掛かってくるのを撥ね退けねばならぬ格好となった。ほとん

101

どそれは、大きな損害なしには済まされなかった。例えば、第163戦闘機連隊の連隊航法手モローゾフ少佐が率いる6機のYak-9と2機のYak-7bは朝の8時代にマロアルハンゲリスク地区で後部上方からFw190大編隊の不意打ちを受けた。ソ連機のパイロットたちは活発な機動飛行を始め、敵の射撃から逃れようとした。シチェチーニン中尉とソブール上級軍曹がドイツ軍エースたちの最初の餌食となった——彼らは友軍同志たちとはぐれ、飛行場には戻らなかった。ドイツ戦闘機はペアでほとんど間を置かずに急降下でヤクたちを襲い続けた。40分間の戦闘で5機のソ連機が撃墜され、3名のパイロットが戦死した〔14〕。ドイツ側の損害はソ連軍飛行士たちのデータによると全部で2機となっている。しかし実際に撃墜できたのは第54戦闘航空団第I飛行隊所属のFw190戦闘機1機のみである——同機を操縦していた少尉はモローゾフ少佐の正確な一連射を浴びた後、ソ連軍陣地上空でパラシュート脱出して捕虜となった〔15〕。

　隣の第347戦闘機連隊の10機のYak-9も同じ地区で行動し、He111とJu87の大群を攻撃した。5機のヤクを失い、もう1機が損傷を受けるという代償を払って撃墜したのはわずか1機のハインケルのみで、あとはもう1機の双発メッサーシュミットに損傷を負わせただけで終わった。2回目の出撃もこの連隊の飛行士たちにはツキがなかった——空中戦で連隊長のV・L・プロートニコフ少佐が戦死したのだ。彼が指揮するグループは個々の敵機ペアや単独機を襲う際にもばらばらに分散した。相互の連携が失われた結果、連隊長機はFw190の二機編隊（ロッテ）が放った連射にやられたのである〔16〕。

　ドイツ軍爆撃機は、ソ連第13軍の防御陣地に対する射撃圧力が中断する時間を最小限にしようと、さまざまな高度で波状接近し、各波はいろいろな方向から突破地点に迫って行った。爆撃機の数はあまりに多く、中には攻撃の順番待ちをするように前線に沿って爆撃地点に向かう編隊も時々いたぐらいである。ソ連戦闘機は敵の攻撃機に接近する前に、哨戒飛行中のフォッケウルフによって戦闘に拘束されていた。第163戦闘機連隊の文書はこう語る——「わが軍の目標に対する一回の攻撃の火種があまりに数多く、それらの対処に4機編隊以上を派遣するのは可能と思われなかったほどである……わが戦闘機は1機当たり6〜8機の敵戦闘機を相手にせねばならなかった」〔17〕。

　ソ連軍パイロットの中にはドイツ空軍の威力に度肝を抜かれたのもいたが、他方でこれほど厳しい状況の中でさえ自分のチャンスを逃すまいとする者もいた。第53親衛戦闘機連隊のラートニコフ上級中尉は後者であった。彼が率いるYak-1の8機編隊はポヌィリー上空で、約70機のHe111とJu88からなる飛行隊形に太陽の方向から接近した。ヤク戦闘機のパイロットたちはこの"無敵艦隊"が戦

102：Pe-2偵察機の長距離出撃に
随伴するYak-7b戦闘機。

闘進入経路に旋回を始めるまで待機し、その時が来てから初めて上
方からの急襲を仕掛け、4機のHe111爆撃機を撃破した（これらの
爆撃機は第53爆撃航空団の所属で、1機は飛行場にたどり着けずに
墜落、大破した）。ヤク戦闘機も2機が使い物にならなくなったが、
それでもこれは第16航空軍が7月5日に首尾よくこなし得た数少な
い戦闘であった〔18〕。希望を抱かせるような個々の戦果はあったも
のの、上空は依然としてソ連軍にとって難しい状況にあり、多くの
点で悲劇的でさえあった。特に大きな損害を出したのは、多数の若
年パイロットたちが戦闘に投入された第6戦闘航空軍団の隷下部隊
であった。

　このような事態の進展には、先にも指摘したとおり、航空兵団の
参謀部も用意ができておらず、計画的な戦闘作業を組織することが
できなかった。6月に作成されていた戦闘行動予定表や兵力増強予
定図やその他の第16航空軍の参謀書類はいずれも"紙のまま"で終
わった。0930時にようやく航空軍戦闘運用計画を実行に移すこと
ができたが、その頃にはすでにいくつかの飛行師団が無力化されて
おり、予備は相当程度使い果たされていた。地上部隊は、赤い星を
付けた戦闘機が彼らをしっかり掩護することができない事実に不安
を覚えていた。先に派遣されたフォッケウルフのパトロール隊がソ
連軍戦闘機に遭遇したのが、後者が前線に到達するかなり前のこと
だったからだ。

　上空の戦力を増強することはたいていの場合、上空の状況に関す

る連絡が悪かったためにうまくいかなかった。クルスク戦の直前にドイツ軍機が通過する可能性が最も高い方面に配置された航空機誘導無線局は、戦闘機部隊の各飛行場と連絡を取り、ソ連軍兵団の後方に敵の単独機＝偵察機が出没していることを指揮官たちに事ある毎に警告していた。だが、戦場上空の戦闘機部隊の指揮を任された将校団は割かれなかった。無線局は、開戦初日の結果から判明したところによると、配置された場所が不具合で、航空機部隊の指揮には不便であった。

　ソ連軍戦闘機のあまり効果的でない抵抗とドイツ軍爆撃機の定常的な襲撃は、地上の戦況にその影響を及ぼした。ソ連第13軍将兵の頑強な抵抗にもかかわらず、第ＸＸＸＸⅦ戦車軍団の隷下師団は友軍航空部隊と連携して朝の1030時には、戦闘日誌に指摘されているとおり、「奥深く重層化され、設備が良く整い、地雷が敷設された主防御地帯に突入」することに成功した〔19〕。オジョールキとヤースナヤ・ポリャーナの集落はＮ・Ｐ・プーホフの第13軍部隊が固守していたが、放棄せざるを得なくなった。第46戦車軍団の隷下部隊はソ連第13及び第70軍の作戦地境で防御第1線を突破し、Ｉ・Ｖ・ガラーニン将軍の第70軍の右翼を迂回し始めた。

　ソ連側は出撃準備の整った戦闘機が恒常的に不足していた。Ｓ・Ｉ・ルデンコ第16航空軍司令官が承認した計画に沿って"第1臨戦態勢"にある16機は、敵に断固たる抵抗をするにはまったく不十分であった。開戦初日の前半にはこれらの戦闘機は警報を受けて離陸したが、数が少ないために上空の状況に転機をもたらすことはできず、午後になると当直戦闘機の抽出は損害が大きかったために完全に中止された。その結果、第16航空軍のパイロットたちが正午までに遂行した出撃はわずか520回であった（主に行動したのは戦闘機）。この日の朝に揃っていた可動航空機が1千機を超えていたにもかかわらずにである〔20〕。

103：Yak-1戦闘機に燃料を補給する女性地上員。

104：偽装網で隠された前線飛行場のYak-1戦闘機。

ソ連軍攻撃航空部隊の参戦
В СРАЖЕНИЕ ВСТУПАЕТ СОВЕТСКАЯ УДАРНАЯ АВИАЦИЯ

　クルスク戦が始まってからソ連軍にとって最初の危機が訪れた。敵戦車大部隊の群れがポヌィリーとスノーヴァ（第2防御地帯）とポドリャーニ（第1、第2防御地帯の間）の集落に突入を始めたのだ。中央方面軍司令部は第2戦車軍司令官に対して隷下部隊を突破地区に出撃させるよう命じ、手元にあった戦術予備―機動阻止隊（さまざまな兵科の対戦車部隊を用いて臨時編成）と戦車連隊1個、それに工兵部隊を戦闘に投入した。司令部が有する最も効果的な手段の一つは、この時点まで飛行場で攻撃準備態勢にあった爆撃機部隊と襲撃機部隊である。そこで第16航空軍司令官S・I・ルデンコ将軍は、第13軍地帯における敵の突破を局地的なものに抑えるため、上空に爆撃飛行師団2個を飛び立たせ、ドイツ空軍の行動が特に活発な場所では戦闘機を200機まで集結させよ、との命令を受領した。

　クルスク戦初期の戦闘運用計画によると、襲撃機は三分の一の兵力が最前線からの呼び出しに応じて行動することとされていた。残りの襲撃機はすべての爆撃機とともに司令部予備として、敵の突破部隊に対する大規模行動に使用されることになっていた。そしてこの日の中ごろには、第16航空軍参謀部は攻撃機を戦闘に投入する決定をした。ドイツ軍の戦車と歩兵を殲滅すべく最初に離陸したのは第241及び第221爆撃飛行師団の所属機である。空襲に参加した航空機の総数は、Pe-2とボストン合わせて約150機となった。

　これらの爆撃機は正午少し前に、突破して来た敵部隊への攻撃を始めた。ルフトヴァッフェが上空で激しい抵抗を示していたため、ソ連軍爆撃機の掩護には第192戦闘機連隊だけでなく、第279戦闘飛行師団の他の隷下部隊も充てられた。爆撃機、とりわけ急降下攻撃も行っていたPe-2の搭乗員たちの活動はかなり順調に進んだ。ド

105：第221爆撃飛行師団所属のボストン爆撃機。クルスク西方のある飛行場で撮影。

106：ボストン爆撃機の戦闘出撃準備が完了したことを搭乗員に報告する、第221爆撃飛行師団の地上員。

イツ軍の歩兵を戦車から隔離することに成功し、ドイツ戦車は激しい砲撃の下を前進する危険は冒さず、ある報告書に指摘されたとおり、「掩蔽物を伝って這い進んだ」。形勢は一時的に安定化した。

深刻な痛手を負ったのはドイツ第292歩兵師団であった。出撃陣地で兵員が塹壕や連絡壕に集まったところを空襲されたからだ。ソ連軍爆撃機はAO-8やAO-2.5などの小型破片爆弾を使用し、対歩兵戦で良好な結果を示した［AOはAvia-Oskolochnaya=航空榴弾の略、数字は爆弾の重量（kg）を意味する］。後に捕虜となった同師団の兵L・マフレフスキーは尋問で次の供述を行った――「ロシアの航空機は防御最前線に沿って進入し、高度900mから破片爆弾による爆撃を行った。炸裂する爆弾は、約2kmの戦区でドイツ軍陣地の第1塹壕線を覆い尽くした。多くの爆弾が塹壕を直撃し、他の爆弾は胸壁に着弾して塹壕線に隠れていた将兵を殺傷した。爆撃機による攻撃の結果、正面600〜700mを占めていたわが大隊では23名が戦死し、57名が負傷した。これより小さからぬ損害を隣接の諸部隊も蒙った」[21]。

ソ連軍爆撃機は、特にドイツ第2戦車師団の隷下部隊に損害を与えた。ソ連軍ボストン爆撃機の活発な行動は、攻勢の進展を自分の指揮所から観察していたドイツ第6歩兵師団長のH・グロスマン将軍も回想の中で認めている。彼の師団の隷下部隊がヤースナヤ・ポ

133

107：クルスク戦を報じるナチ党機関紙「Völkischer Beobachter（フェルキッシャー・ベオバハター＝国家社会主義党報）」。

リャーナに進んでいたとき、「ロシア空軍が最新の、恐らく米国製の航空機に乗って、地上戦闘に爆撃で介入してきたが、偵察部隊の擲弾兵と騎兵の模範的な突撃を制圧することはできなかった」[22]。

　こうした空襲において爆撃機自体はそれほどの損害を出さなかった。撃墜されたのはボストン1機のみで、さらに5機のボストンA-20Bと2機のペトリャコフPe-2が不時着したが、ドイツ軍戦闘機が制空権を握っていた条件下にあっては、この最初の出撃は十分満足できるものだったと言えよう。爆撃機の墜落または損傷の原因は、2件だけが敵の戦闘機によるもので、その他は対空火器によるものであったことは興味深い。しかもこの日の終わりまでにドイツ第12対空砲師団部隊が撃墜したと主張していたのは、わずか2機のソ連機であった。だが、ドイツ軍の戦車兵団はそれぞれ防空部隊も持っており、まさにそのような防空部隊がこの時は空襲に応戦したのである［ドイツ軍の対空部隊は空軍に所属する地上兵力が主であった］。

　クルスク戦初日のIl-2襲撃機の活動について、実はソ連軍司令部はもっと大きな成果を期待していた。成果が控えめだった原因は、先に戦闘機のケースで指摘したのと同じように兵力が分散し、6～8機ずつの小編隊で行動した点にあった。そのような襲撃機がドイツ戦車師団に突入するのはきわめて困難であった。出撃準備のできた戦闘機が不足していたことを考えると尚更である。襲撃機を掩護するには戦闘機が足りなかったのだ。

　しかしながら、随伴戦闘機の数が十分であったとしても、大きな損害を避けられるわけではない。襲撃飛行大隊の内部では調和の取れた編隊飛行も、部隊内での効果的な射撃連携も見られなかった。

108：出撃を首尾よく終えて帰還し
たH・シュトラッスル飛行兵曹長。

109：『メルダース』航空団員の前
に立つ、H・トラウトロフト戦闘機
隊総監付東部方面査察官。

何よりもまずこれらの要素が、ドイツ戦闘機との戦いにおける大きな損害の原因となった。特に損害が大きかったのは、若年パイロットの比率が高かった第299襲撃飛行師団の隷下部隊である。同師団のミトゥーソフ中尉が指揮するIl-2襲撃機8機編隊は1回の出撃で6機を失った。また同じく第217襲撃機連隊所属の別の編隊は3機のイリユーシンがフォッケウルフによるほぼ一斉の不意打ちを受けて撃破された。この時パイロットたちを救ったのはシュトルモヴィークの並々ならぬ耐久性であった——1機だけは不時着したが、他は何とか自分の飛行場までたどり着いた。ただし、この空中戦に参加した銃手兼通信手は全員負傷し、そのうち1名は後に病院で死亡した[23]。

　第16航空軍の第2親衛襲撃飛行師団の活動はもっと順調であった。多くの搭乗員たちの豊富な戦闘経験、特にスターリングラードで得た経験がものをいったのだ。親衛飛行士たちは7月5日に初めて新型の成形炸薬爆弾PTAB-2.5-1.5を使用し、この一日だけで31両のドイツ戦車を撃破したと報告した（残念ながら、ドイツ側資料ではこのデータを確認することも否定することもできなかった）。しかもこのときのIl-2の損害は3機のみで、これは第283及び第286戦闘飛行師団の隷下部隊が十分効果的な襲撃機掩護をしてくれたおかげであった。また、もう1機のイリユーシンは戦闘時の損傷のために廃棄処分にせねばならなくなった。ソ連側の資料によると、この日敵に最大の損害を与えたのは、第58親衛襲撃機連隊のIl-2飛行大隊長V・M・ゴールベフ少佐が率いる6機編隊となっている。

　第6戦闘航空軍団第279戦闘飛行師団の隷下連隊は爆撃機の随伴にあたって大した損害は出さなかったが、制空権をめぐる戦いに

110：出撃準備が整った第78親衛襲撃機連隊ジダーノフ少尉の搭乗機、Il-2シュトルモヴィーク。主翼の上に立っているのは銃手兼通信手のリャーシチェンコ軍曹。

111：シュトルモヴィークに弾薬を装填する兵装員［主翼が金属構造になった後期型］。

加わったときの最後の哨戒飛行は本当の意味で破滅的なものとなった。師団隷下部隊はそれぞれ、戦闘準備のできたLa-5を平均して24機ずつ持ち、各16～18機の編隊で大々的に行動したが、編隊の規模が大きいにもかかわらず、友軍部隊が狙われた精密爆撃を妨害することができず、自らも多数の航空機と飛行士たちを失った。

　例えば第486戦闘機連隊の連隊長K・D・ペリペーツ少佐率いるグループは、ある戦闘の後で飛行場に帰還した際に6機の戦闘機が戻ってこなかった。18機のLa-5はポヌィリー地区で地上部隊を掩護するときに、戦闘経験に基づいて高度3,000～4,000mで"置き棚"隊形〔小編隊ごと高度別に垂直方向に分かれた隊形〕で進んでいた。そしてJu88の9機編隊を発見すると攻撃に移った。最上段の4機のLa-5は雲の向こう側にあって2機のフォッケウルフを追跡し、事実上戦闘には加わらなかった。このソ連戦闘機グループは最初の襲撃の後に分散した。一分隊を率いていたオフシエンコ大尉は急激な戦闘旋回をしたが、経験がもっと浅い僚機は彼の機動を真似することができずに遅れをとった。"88番ども"に気付いたペリペーツの4機編隊も敵を攻撃したが、離脱の際に連隊長機（La-5/製造番号39210126）は撃墜された。ペリペーツは敵の支配地区上空でパラシュート脱出し、基地には戻らなかった。

　ペリペーツ少佐は経験豊富で優秀なパイロットであった。1943年1月末現在のデータによると、彼は3,623回の飛行を重ね、飛行時数は1,489時間（！）を超えていた[24]。また、連隊長はラーヴォチキンとヤーコヴレフの戦闘機を含む数十種類の飛行機に慣熟していた。最後の格闘戦の不幸な結末は、グループ内の行動が調整されていなかったことと（この後帰還したパイロットの一人、ルイプチェンコ少尉は彼を撃墜したのは友軍のYak-1であったと報告した）、ドイツ軍機の機動がかなり的確であったことによるものと説明できよう。指揮官の代行には一時的に連隊航法手のN・M・グサーロフ大尉が就いた。彼は独ソ戦勃発の1941年6月22日に初陣を飾り、戦果を数え始めていた。7月16日にはD・A・メドヴェーヂェフ少佐が部隊を引き継いだ。その後の戦闘において二人は部下たちを鼓舞する模範たろうと努力し、後にともにソ連邦英雄となった（グサーロフは7月5日夕刻、敵戦闘機に体当たりして撃墜し、パラシュートで脱出）。

　クルスク戦初日のあらゆる失敗にもかかわらず、次の指摘を行ったS・I・ルデンコ将軍に異議を挟むのは難しい──「私は多くの空中戦を見てきたが、我らが飛行士たちのこれほどの粘り強さと情熱、勇気はかつて目にしたことがない」[25]。第16航空軍司令官のこの見方を証明するものとして、第54親衛戦闘機連隊のV・K・ポリャーコフ少尉の功績を挙げることができる。彼はYak-1戦闘機4機編

隊の一員として1853時に、ポヌィリー地区の目標を狙った敵の空襲を撃退すべく、ファーテシ飛行場から飛び立った。格闘が始まると2機のヤクは敵の随伴戦闘機に拘束され、編隊長カルムイコフ上級中尉の搭乗機は損傷を受けて戦闘から離脱した。するとポリャーコフはHe111の集団に単独で飛び込んで行った。

彼はある爆撃機に約20mの距離まで近づき、銃火を開いて命中させた。だが、敵の銃手の連射も精密だった。銃弾はポリャーコフの戦闘機の燃料タンクと水冷式ラジエーターを貫通し、主翼の右表面が燃え出した。彼は顔に火傷を負い、右腕を負傷した。戦闘機が長く空中にとどまることはできないと判断した少尉は、ハインケルに体当たりすることを決意した。プロペラと"鷹"〔ロシアでの戦闘機の愛称〕の傷ついた翼による打撃はドイツ爆撃機の尾翼を切り落とした。炎上する戦闘機の残骸から放り出されたポリャーコフは血まみれになっていたが生きており、パラシュートでうまく友軍部隊の陣地内に着地した〔26〕。第53爆撃航空団第Ⅲ飛行隊のハインケルはヴォーズィ町付近に墜落した。オリョール・クルスク戦線での体当たり攻撃に対して、ヴィターリー・コンスタンチーノヴィチ・ポリャーコフには1943年9月2日にソ連邦英雄の称号が授けられた。

この墜落したドイツ爆撃機の2名の搭乗員はソ連第48軍の将兵に

112：急降下爆撃機の準備状況をお互いに確認する、第1爆撃航空軍団長I・S・ポールビン大佐、第1親衛爆撃飛行師団長F・I・ドーブィシュ中佐、第293爆撃飛行師団長G・V・グリバーキン大佐。ヴォロネジ方面軍、1943年夏。

よって拘束された。朝にはもう一人のパイロットも捕まった（一昼夜の間にこの前線戦区では5名のドイツ将兵を捕虜にした）。それは、第163戦闘機連隊のモローゾフ少佐が朝に撃墜したH・ツールン少尉であった。両飛行隊（第53爆撃航空団第III飛行隊と第54戦闘航空団第I飛行隊）は最近まで第1航空艦隊の編制内でレニングラード、ヴォルホフ、ノヴゴロドの各地区で戦っており、それからオリョール・クルスク戦線北面の攻勢支援のためフォン・グライム第6航空艦隊司令官の指揮下に移されているので、防諜将校たちは捕虜たちの情報は関心に値するとして、報告書を中央方面軍参謀部に送った〔27〕。

113：1943年の7月に捕虜となったドイツ軍パイロット（氏名、階級、所属部隊など不詳）。

114：1943年のオリョール・クルスク方面。第58親衛赤旗ドン襲撃機連隊の経験豊かな古参搭乗員たちは、独ソ戦の初日から戦ってきた。操縦手のP・P・ポスペーロフ親衛大尉は132回の戦闘出撃歴と、4個の勲章を持っている。航空銃手のV・M・ヴラーソフ親衛上級軍曹は58回の戦闘出撃を重ねている。

初日の結果
ИТОГИ ПЕРВОГО ДНЯ

　中央方面軍部隊上空で繰り広げられた航空戦の初日の結果を総括しよう。夕闇が訪れるまでにソ連第16航空軍の飛行士たちは1,720回の出撃を行い、対するドイツ軍航空部隊の出撃は2,088回を数え、そのうち1,909回はモーデル将軍指揮下の進撃部隊の支援を目的としていた。会戦地区上空のルフトヴァッフェの制空権確保に中心的な役割を果たしたのは戦闘機部隊であった。7月5日の朝から『メルダース』航空団のパイロットたちはほとんど常時最前線上空をパトロール飛行し、前線に南方から接近してソ連軍航空機の集団をあらかじめ待ち構えていた。ドイツの歴史家、G・アーデルスとW・ヘルトは、6月30日現在の同航空団には88機の可動機があったと指摘している〔28〕。しかし、彼らは第51戦闘航空団第Ⅳ飛行隊の戦闘機を計算に入れていなかった──この飛行隊と第54戦闘航空団第Ⅰ飛行隊、そして各部隊への補充分を考慮すると、7月初めのドイツ軍は約160機の戦闘可能なフォッケウルフを持っていたことになる。他方のソ連第16航空軍は526機の戦闘機を保有し、そのうち455機が可動状態にあった〔29〕。

　冷静に記録されたドイツ軍の文書資料は、7月5日のフォッケウルフの出撃522回に対して、ソ連軍戦闘機は817回の出撃で応えたことを伝えている。これに、第ⅩⅩⅩⅩⅠ戦車軍団陣地上空の空中戦に積極的に加わったメッサーシュミット偵察機（NAGr4）の約60回の出撃を足しても、上空に飛び立った双方の戦闘機の数はドイツ軍のほうが少なかった。ドイツ軍の可動戦闘機1機当たりの平均負荷は一日に3.5回の出撃であったのに対し、ソ連軍戦闘機のそれは大きな損害を考慮しても2回強であった。ドイツ軍機の数量的優勢が常に感じられたのは、前線最重要戦区上空における巧みな戦力の増加と航空機の集中によるものであった。ソ連軍戦闘機のパイロットたちは指示された高度と速度で消極的な哨戒飛行をしていたため、あらかじめ敵にイニシアチブを与えて、いつ、どのように攻撃するのがよいかを決めさせていたようなものであった。7月5日の76件の空中戦の圧倒的多数は、"スターリンの鷹"たちに不利な条件で始まっている。フォッケウルフの2機または4機編隊が交互にソ連軍戦闘機の集団に急降下して戦闘に拘束するのみならず、数量的にはるかに優勢であるとの印象を与えることが幾度もあった。

　第6航空艦隊の戦闘日誌の記述によると、破壊されたソ連軍機の総数166機（別のデータでは165機）のうちでルフトヴァッフェの戦闘機が撃墜したものは158機を占める。7月5日の第54戦闘航空団第Ⅰ飛行隊の中で最も良い結果を出した"狩人"はO・キッテル少

尉で、彼は所属部隊の文書によると朝に3機のイルと1機のヤクを、そして昼食後にさらに2機の爆撃機を仕留めた（ただしソ連側の資料は、キッテルの部隊が1625時に撃墜したとする6機のうち、ボストン1機のみ墜落を確認している）。50機以上の戦果が第51戦闘航空団第III飛行隊の記録に加えられ、同飛行隊の何名かのパイロットたちの活動は優れて効果的であった。第8中隊に地中海地区からやってきたA・ハフナー飛行兵曹長と同中隊の古参少尉G・シャックは各々5機の戦果を手にし、第9中隊ではH・リュッケ中尉の搭乗機の方向舵に地上整備員たちが7つの"アプシュスバルケン"（撃墜マーク）を描き加えた。しかし、まさに記録的な戦果を達成したのはH・シュトラッスルである。彼は15機のソ連軍機を撃墜し、この日の夕刻に個人記録を52機にまで引き上げた〔30〕。

　ドイツ軍は自ら初日の結果を訂正し、「ちょうど120機のボリシェヴィキの飛行機」が撃墜されたと計算した。ドイツ空軍の地上勤務機関はかなり正確にソ連軍機の墜落を記録していたと認めねばならない。というのも、ソ連第16航空軍参謀部は98機を除籍したからだ。これほど甚大な損害をS・I・ルデンコの部下たちは過去にも、またその後も出したことはなかった。ドイツ軍の公式資料は、この素晴らしい成功の代償がわずか7機であったと主張している。しかし、1943年7月5日の第1航空師団所属の飛行隊と航空団の損害リストは別の数字を導いている——13機が前線のソ連側で撃墜され、さらに33機が大きな損傷を受け、このうち22機は後日廃棄せざるを得なくなった〔31〕。ソ連軍高射砲部隊の強い抵抗を考慮に入れると、空中戦の独ソ双方の未帰還損害の比は1:4.5となるであろう。

　ソ連第16航空軍では破壊された航空機の大半は戦闘機だった。例えば、第6戦闘航空軍団の全損機は45機で、クルスク戦2日目の朝には保有戦闘機の数が次のように減っていた——第92戦闘機連隊は27機から19機へ、第192及び第486戦闘機連隊はともにLa-5

115：撃墜されたソ連第279戦闘機連隊のLa-5戦闘機を検分するドイツ兵たち。

116：戦闘機のコクピットの中の第51戦闘航空団第Ⅲ飛行隊長F・ロージヒカイト大尉。エースの表情からは出撃が成功裏に終わったことがうかがえる［フリッツ・ロージヒカイトはドイツ空軍の伝習要員として1941年夏から半年ほど日本に滞在。キ44試作機（後の二式単座戦闘機『鍾馗』）との模擬空中戦で、日本が輸入したBf109E戦闘機の操縦を担当する経験をした］。

が24機から13機に減少した〔32〕。戦闘機の損害はソ連軍の攻撃航空機部隊の活動に影響した——十分な掩護がなかったため、襲撃機は会戦初日の出撃回数が可動機1機当たり1回未満で、昼間爆撃機は可動機2機当たりとしても1回に及ばなかった。他方のドイツ第1航空師団司令部は、戦闘可能なHe111またはJu88爆撃機1機当たり3〜4回の出撃を、Ju87急降下爆撃機については1機当たり4〜5回以上の出撃を可能にした。また、多数の戦闘機と近距離偵察機（Hs126とFw189）も主翼下に爆弾を懸架して飛び立っていた。ソ連軍部隊に向けて投下された爆弾の総重量は1,385tに迫り〔33〕、これはソ連軍航空部隊が放った爆弾重量のほぼ12倍に相当した。

クルスク戦の緒戦について控えめな楽観的総括を行ったドイツ軍司令部は、攻勢の最初の成功に果たしたルフトヴァッフェの重要な役割を指摘する必要を感じたようだ。「大規模な航空部隊が良好な結果を伴う連続波状攻撃によって、陸軍部隊の攻勢作戦を支援した。砲兵中隊、野戦陣地、輸送縦隊への多数の直撃が確認され、砲兵中隊3個、戦車3両、自動車多数が撃滅され、数個の砲兵中隊が射撃を中止した。戦闘機部隊は随伴と敵機空襲防御の任務を遂行し、優れた成果を収めた」——と中央軍集団参謀部の夕刻の報告書には書かれている〔34〕。

ときには上空からの大規模な攻撃だけが、ドイツ軍部隊によるソ連軍防御第1線の突破を可能にしたケースもあった。例えば、ソ連第70軍第132狙撃兵師団の将兵は三度にわたる攻撃を撃退したが、第1急降下爆撃航空団のJu87約80機の空襲を受けると退却を余儀なくされた。第70軍の作戦課は、「ドイツ空軍は20〜25機編隊の

117：I./JG51のFw190A。

143

波状攻撃で終日第28狙撃兵軍団の戦闘隊形を爆撃した」と指摘している〔35〕。同様な事実は例外的なことではなかった。

とはいえ、ソ連軍の対空防御はよく準備されていた。土木製トーチカ、発達した塹壕線網、巧みな陣地偽装――これらすべてがドイツ空軍の活動による損害を最小限に抑えていた。対戦車拠点の内部に配置された火砲が事実上機能を喪失するのは、爆弾が直撃した場合に限られた。通信線を幾重にも重複させ、無線装置を広範に使用する措置をあらかじめ講じていたため、ソ連第13軍本部はすべての軍団と強化部隊を終日安定して指揮することができた。各軍司令官の予備を構成していた独立戦車連隊と自走砲部隊は実質的に損害を出さなかった。ルフトヴァッフェの努力はすべて防御最前線に向けられていたため、7月5日の晩には中央方面軍は第2梯団――第2戦車軍、独立戦車軍団2個及び狙撃兵軍団1個の前進を始めることができた。

ドイツ側の文書はまた、第12対空砲師団部隊の首尾よい活動も指摘している。第6航空艦隊の報告書によると、対空部隊は地上戦で66箇所のトーチカを制圧し、高射砲4門の中隊1個とロケット砲（『カチューシャ』）を殲滅した。優秀な活躍をした88㎜対空砲がソ連軍防御に実際に与えた影響は、ドイツ軍機の長時間にわたる爆撃に匹敵したと認めても、過言ではなかろう。

118：ドイツ軍対空砲部隊の隊員たち。

戦いは続く
СРАЖЕНИЕ ПРОДОЛЖАЕТСЯ

　1941～1942年の作戦について、いかなる影響をドイツ空軍が会戦の結果に与えてきたかを良く覚えているスターリンは、ロコソーフスキー中央方面軍司令官の夕方の報告に質問を差し挟んだ──「制空権は取ったか、それとも取れなかったのか?」。中央方面軍司令官曰く、状況は緊迫し不透明である、との曖昧な答えにスターリンは満足しなかった。新たな質問が続いた──「ルデンコはこの件に対処できるのか?」。最高総司令官には一度ならず、ソ連空軍は数においても兵器の質においてもドイツ空軍に劣りはしないと伝えられてきた。将来の空軍元帥の頭上に暗雲が立ち込めてきた。そこでロコソーフスキー上級大将は自分が責任を持つとして、翌日には制空を確実にすると約束した〔36〕。だが残念ながら、誉れ高い将帥は約束を果たすことはできなかった。

　その頃中央方面軍司令部は、翌日の早朝に第17親衛狙撃兵軍団と第2戦車軍第16戦車軍団及び方面軍予備第19戦車軍団の兵力をもって敵進撃部隊に猛反撃を仕掛けることを決定した。これらの兵団には、早朝に航空機と砲兵の強力な支援の下で奇襲を発起し、第13軍前線の形勢を回復し、敵の楔を叩き潰す任務が与えられた。準備砲撃のためには中央方面軍司令部は第4砲兵軍団と自走砲連隊2個を集結させた。また、重要な役割が第16航空軍の飛行士たちに

119：第293爆撃飛行師団の後方飛行場でのPe-2。

ソ連第16航空軍の戦闘序列

兵団、部隊	指揮官	機種	基地
6iak	A・B・ユマーシェフ少将		ヤーリシチェ
273iad	I・E・フョードロフ大佐	Yak-1/7/9	コールプナ
279iad	F・N・デーメンチエフ大佐	La-5	モホヴォーエ
6sak	I・D・アントーシキン少将		フメリネーツ
221bad	S・F・ブズィリョフ大佐	A-20B,ボストンIII	ボルキー
282iad	A・M・リャザーノフ大佐	Yak-1	プレオブラジェーニエ
3bak	A・Z・カラヴァーツキー少将		エレーツ
241bad	I・G・クリレンコ大佐	Pe-2	チェルノーヴォ
301bad	F・M・フェドレンコ大佐	Pe-2	ブイコフカ
1gv.iad	I・V・クルペーニン中佐	Yak-1,P-39	ルジャーヴァ、ファーテシ
283iad	S・P・デニーソフ大佐	Yak-1/7	ダンコーフ、クルスク
286iad	I・I・イワノフ大佐	Yak-1,La-5	レベヂャーニ
2gv.shad	G・I・コマローフ大佐	Il-2	ヴィシコーヴォ
299shad	I・V・クルーブスキー大佐	Il-2	クラースナヤ・ザリャー
271nbad	K・P・ラスカーゾフ中佐	U-2	イヴァーノフカ
16odrap	D・S・シェルスチューク少佐	A-20B,Pe-2	クルスク東
98gv.odrap	B・P・アルチェーミエフ	Pe-2	クルスク東

120

割り当てられることになり、午前零時少し前にルデンコ軍司令官は会議を開き、その場には軍参謀長のP・I・ブライコ将軍と作戦課長のI・I・オストロフスキー大佐、その他の第16航空軍参謀将校たちが出席した。S・I・ルデンコ中将は、7月6日の航空部隊の運用方法が幅広く検討され、次の2案が提案されたことを回想している――

「そのうちの一つは兵力を時間ごとに均等に分け、もう一つは航空軍のほぼ全兵団を一斉出撃させるというものであった。この場合新たな一連の問題が浮上してきた――爆撃機と襲撃機の戦闘機による掩護をいかに確保するか、いかにして航空機を集め、どのように大編隊の隊形を構築し、飛行の安全を保障するか？　これらの問いには迅速かつ正確な答えが求められた。

解決法はすぐに見つかった。すべての爆撃機兵団には襲撃機兵団同様に統一の行動高度が設定され、戦闘飛行師団1個が目標地区の上空を事前に"掃除"するために充てられた。爆撃機と襲撃機の集団は我が戦闘機が基地とする飛行場を通過し、戦闘機に無線連絡を取り、直接随伴に呼び出すこととされた。大規模な攻撃に先立っては、諸目標の入念な再偵察が行われなければならない。偵察機は戦場に

120：休息する第99親衛偵察機連隊長機の搭乗員。ブリャンスク方面軍、1943年6月。（左から右に）P・A・ゴロヴァーノフ、V・Ya・ガヴリーロフ、G・I・ガブーニヤ。

121：ソ連中央方面軍参謀部の建屋の傍で会話する第16航空軍司令官S・I・ルデンコ将軍（左）と、中央方面軍砲兵司令官V・I・カザコフ将軍。

ドイツ第1航空師団の戦闘序列

兵団、部隊	指揮官	機種	基地
NAGr4	T・フィネク少佐	Bf109G,Bf110	ホムーティ
NAGr10	W・シュタイン中尉	Hs126B,Fw189A	ストヤーノフカ
NAGr15	H・コーレンス少佐	Fw189A	クズネツィー
StG1	G・プレスラー中佐	Ju87D	オリョール東
I./StG1	H・カウビシュ少佐	Ju87D	レージェンキ
II./StG1	O・エルンスト少佐	Ju87D	メーゼンカ
III./StG1	F・ランク大尉	Ju87D	オリョール東
III./StG3	B・ハンメルシュター大尉	Ju87D	マーロエ・スピーツィノ
ZG1	J・ブレチシュミット中佐	Bf110G	レードナ
I./ZG1	W・ヘルマン大尉	Bf110E/F/G	レードナ
KG51	H・ハイゼ少佐	Ju88A	ブリャンスク
II./KG51	H・フォース少佐	Ju88A	ブリャンスク
III./KG51	W・ラート大尉	Ju88A/C	セーシチャ
III./KG1	W・カンター大尉	Ju88A/C	オリョール西
KG4	W・クロシンスキー中佐	He111H	セーシチャ
II./KG4	R・グラウブナー少佐	He111H	セーシチャ
III./KG4	K・ノイマン少佐	He111H	カラーチェフ
KG53	F・ポクラント中佐	He111H	オルスーフィエヴォ
I./KG53	K・ラウエル少佐	He111H	オルスーフィエヴォ
III./KG53	E・アールメンヂンガー少佐	He111H	オルスーフィエヴォ
JG51	K・G・ノルドマン中佐	Fw190A	オリョール
I./JG51	E・ライエ少佐	Fw190A	オリョール・スロボダー
III./JG51	F・ロージヒカイト大尉	Fw190A	オプトゥーハ
IV./JG51	R・レッシュ少佐	Fw190A	スチーシ
I./JG54	R・ザイラー大尉	Fw190A	パニコーヴォ

122：R・フォン・グライム将軍は第6航空艦隊を編成し、降伏時までほとんどの期間、この艦隊を指揮し続けた。

前もって派遣し、戦闘任務の遂行にすでに出撃した搭乗員たちへ目撃情報を無線伝達することが間に合うよう図られた」〔37〕。

　さらに航空軍司令官は大量航空攻撃計画を、モスクワからU-2で飛来した最高総司令部スターフカ空軍代表のG・A・ヴォロジェイキン将軍と検討し、またK・K・ロコソーフスキー上級大将と中央方面軍参謀部にいたG・K・ジューコフ元帥から支持を取り付けたことを指摘している（ルデンコが例えば、ジューコフとも航空部隊の活動の性格について事前に調整を図ろうと望んだ点に驚きを覚える。「現下の状況において航空機を大量使用すべきか、それとも小グループで目標に派遣する方がより適切か」という質問に対して、ジューコフが事情に通じた返答ができたとは思えない。おそらく、第16航空軍司令官は失敗した場合の責任を分担させようと望んだのだろう。比較のためにいえば、ルフトヴァッフェの指揮官たちは総合軍の司令官たちと航空部隊使用の時間と場所は調整したが、航空部隊の戦術は協議しなかった）。"承認"を受け取ったルデンコは、夜明けとともに前進観測所から最初の航空軍所属機が前線左翼上空

に姿を見せるのを注視していた。

　攻撃に奇襲性をもたせることは、ドイツ戦闘機からの攻撃の危険性をある程度低下させることになりえるため、攻撃機の飛行大隊1個の掩護に当てられたのは戦闘機編隊1個だけであった。作戦を詳細に詰める時間はほとんど残されていなかった。爆撃機と襲撃機の行動高度はそれぞれ2,000mと1,000mに設定された。各飛行師団の指揮官たちは所属機の離陸タイミングの正確さと上空での相互連携に責任を持った。出撃には全部で約600機が参加することになった。

　朝0630時ごろ、第221爆撃飛行師団のボストン約25機がほぼ同数の第282戦闘飛行師団所属のヤク戦闘機に掩護されて、4回のうちの最初の打撃をドイツ第ⅩⅩⅩⅩⅦ及び第ⅩⅩⅩⅩⅠ軍団の陣地に加えた。ただし、抵抗を示したのはメッサーシュミット偵察機の小さなパトロール隊だけで、ソ連軍飛行士たちの行動を妨害することはできなかった。第221爆撃飛行師団と第282戦闘飛行師団の飛行士たちは目標に何度か繰り返して進入し、あたかも大編隊の群れが攻撃しているかのような印象をドイツ軍に抱かせようと努めていた。両師団とも第6混成航空軍団の下にいて、多くの先導グループはお互いをよく理解しあっており、そのことが協同行動を容易にした。第8親衛爆撃機連隊を第127戦闘機連隊が、第57爆撃機連隊を第517戦闘機連隊が、第745爆撃機連隊を第774戦闘機連隊がそれぞれ掩護していた。

　すべてのグループの行動に一つの高度を使用することにしたの

123：気球のバスケットで上昇準備中のドイツ軍観測員。

124：戦闘隊形に展開する第2戦車師団のⅢ号戦車。その後方にⅣ号戦車のシルエットが見える。

125：目標に向かうIl-2襲撃機の編隊。ある前線写真家が編隊長機の銃手兼通信手の座席から撮影した写真。

は、爆撃機をよりしっかり掩護するには便利であったが、ドイツ軍の戦闘機と対空部隊の抵抗活動もはるかに容易となった。"上空哨戒"戦闘機はまたもや任務を果たすことができなかった——これらの戦闘機はフォッケウルフとメッサーシュミットが戦闘に拘束してしまったからだ。そのためすでに午前中から第221爆撃飛行師団の飛行士たちは20〜25機のボストン編隊でさまざまな高度と方向から爆撃をすることになった。

　第2親衛襲撃飛行師団と第299襲撃飛行師団の所属機（第283及び第286戦闘飛行師団が掩護）もこれに劣らぬ規模の集団をなして行動した。ドイツ軍地上部隊に大きな損害がもたらされたことは疑いない。第286戦闘飛行師団第896戦闘機連隊のYak-1戦闘機6機編隊の長機に乗るA・P・ベローフ大尉は、ある戦闘においてメッサーシュミットに命中弾を与えた——彼は敵機のコックピットが炎に包まれたと報告した。同機を操縦していたのはH・フィンダイゼン大尉の可能性がある。ドイツ側の資料によると、第4近距離偵察飛行隊第1中隊長は損傷したBf109G-4をパニコーヴォ飛行場にうまく着陸させることができた。パイロットは怪我も火傷も負わなかった。それでもやはり、最初の第16航空軍の大攻撃は完璧だったと認めるわけにはいかない。

　航空攻撃部隊の空襲は、戦場での航空機と地上部隊の連携があまりよく練られていないことをさらけ出した。航空部隊の代表将校は

第13軍の指揮所から航空機をすぐに戦場に向かわせることはできたので、飛行士たちの行動を修正しようと試みたが、彼らの攻撃は第17親衛狙撃兵軍団の攻撃部隊の行動と、時間の点でも場所の点でも一致しなかった。爆撃したのは友軍の攻撃が予定されていた敵の防御戦区ではなく、場合によっては友軍部隊自体が爆撃にさらされたときもあった。この原因は部分的には、地上の戦況が急速に変化し、軍指揮所にいた空軍代表者はその変化を確認することができなかったことで説明される。

　航空部隊の指揮官たちには敵に関する正確な情報がなかった。中央方面軍のための任務には、第16偵察機連隊と第98親衛偵察機連隊（後者は航空軍の編制ではなく、最高総司令部スタフカに直属）だけでなく、戦術偵察の訓練を受けた第16航空軍の一部の襲撃機及び戦闘機搭乗員たちも携わっていた。ところがこれらの部隊に対する任務の設定は間に合わず、敵防衛地帯の写真撮影のための離陸準備などは尚更できていなかった。

　第17狙撃兵軍団が最大の成果を挙げたのは早朝のことで（友軍の攻撃航空機部隊が上空に姿を現す約2時間半前）、敵を少し押し返すことに成功した。前日に包囲されてしまった20個以上の下級部隊は再び後方と両翼を守られ、戦闘を継続した。しかしその後のソ連軍部隊は運に見放された——何よりもまず準備時間の不足が原因で反撃がうまく組織されなかったことが影響した。地上兵団は航

126：第66襲撃機連隊のIl-2に爆弾懸架作業中の兵装員。1943年7月20日。

127

127：F・V・ヒーミチ大尉は第127戦闘機連隊の中で特に高い戦果を挙げたパイロットの一人であった。後に彼は戦闘での優れた活躍を評価されて第282戦闘飛行師団の航空射撃担当副師団長となり、16機の敵機撃墜に対してソ連邦英雄の称号を与えられた。

128：Il-2の前に立つ第58親衛襲撃機連隊の搭乗員。中央方面軍地区、1943年。

129：観測所の第15航空軍司令官N・F・ナウーメンコ将軍

空部隊とだけでなく、相互の連携も悪かった。ことに第107戦車旅団は所属の第16戦車軍団の残りの部隊とはぐれ、待ち伏せに遭遇してT-34戦車50両とT-70戦車19両を失った。

「反撃は一連の深刻な困難に直面したものの、それでもクルスク突出部北面の防衛戦の推移全体に相当な影響を与えた、──ソ連の歴史家B・G・ソロヴィヨフはこのように指摘する。──敵の強大な戦車部隊は損害を出し、そして主攻撃方面での進撃は止まった」〔38〕。

7月6日の航空戦は前日よりも激しいものとなった。ソ連軍の資料は92件の空中戦を記録している。ソ連軍司令部の見方によると、この日はドイツ軍戦闘機部隊の戦術が変わっていたのが特徴的で、前日の戦いでは友軍爆撃機の直接支援を頻繁に行っていたのに対して、今度は上空をソ連軍哨戒機から"浄化"するために強力な戦闘機部隊を前面に押し出してきたのだ。

空中戦は長時間化し、緊張の度を増した。例えば、第347戦闘機連隊のP・B・ダンケーヴィチ大尉指揮下のヤク戦闘機は2回もフォッケウルフの大編隊との不利な戦いに耐え抜き、敵機を1機撃墜した。その場所からやや西では第519戦闘機連隊所属のS・K・コレスニチェンコ上級中尉率いるYak-7bの4機編隊がドイツ軍戦闘機の盛んな抵抗にもかかわらず、3回もJu88の飛行隊形に突入し、事後パイロットたちはユンカース2機とフォッケウルフ3機の破壊を報

130：167回の前線出撃を果たした第99親衛偵察機連隊長のP・I・ガヴリーロフ少佐。

131：離陸準備中のPe-2偵察機。（左から右に）モイセーエンコ整備員、ツィートリン整備員見習い、ヴォーロフスキー整備員見習い、マンチェフ兵装員。『クラースヌイ・ホールム』[赤い丘]飛行場。

132：高射砲弾により損傷してセーシチ飛行場に帰還した4.（F）/121のJu88D。

133：戦闘の合間。パイロットと談笑する兵装担当の少女たち。

134

134：飛行中のYak-9T戦闘機。この型の戦闘機を初めて実戦で用いたのは、7月の初頭、第1親衛戦闘飛行師団だった。

135：機体に『アレクサンドル・スヴォーロフ』と書かれたIl-2。スヴォーロフは帝政ロシア軍を近代化した18世紀後半の将軍である［垂直尾翼には将軍の肖像が描かれている］。

136：第58親衛赤旗襲撃機連隊は独ソ戦の初日から戦っていた。指揮官のP・P・ボスペーロフ大尉は132回の戦闘出撃を重ね、4個の勲章を授けられている。これは同連隊の有力パイロットたちを記録した写真である。1943年8月末〜9月初めの中央方面軍で撮影。

告した。このうちの3機は編隊長機の戦果として記録された〔39〕。

ある格闘戦では、第54戦闘航空団第I飛行隊長R・ザイラー少佐が操縦するFw190（製造番号151341）をソ連軍パイロットたちが撃墜した。7月6日の朝にドイツ軍のエースは100機目の戦果を挙げたが（西側の資料によっては、スペインでの戦果も含めて109機とするものもある）、その後重傷を負って炎上するフォッケウルフからパラシュートで飛び出した。その上深刻な外傷を負ったため、以後もはや戦闘には参加できなくなった。

　ドイツの航空指揮官を撃破したのはボストンの防御射撃であった可能性もある。第8親衛爆撃機連隊の編隊が目標から離脱したとき、ポヌィリーの東でフォッケウルフに四方八方から攻撃された。スミルノフ搭乗員の下部機銃が故障すると、敵戦闘機のロッテがソ連爆撃機からほぼ50mまで接近してきた。そのときマケーエフ中尉とドゥイニン軍曹は5発のAG-2航空榴弾を発射し、その一つが"190型機"のコックピットのすぐ傍で炸裂した〔40〕。

　この日の戦闘には37mm砲を装備した新型戦闘機Yak-9Tも参加した。ポヌィリー地区で強力な兵装の部隊試験を実施していた最中であったが、雲の下を掩護もなしに高度3,500m、楔形隊形で飛行していた11機のHe111を迎撃すべく、第54親衛戦闘機連隊の4機編隊が離陸した。最初の砲弾が連射されるとドイツ軍機の中隊は3機編隊と単独機に分かれた。爆撃機の一つを右後方から追跡していたアントーヒン少尉は砲弾を10発ほど消費して爆撃機を破壊したと報告した（ドイツ側のデータによると、このハインケルは胴体と主

135

136

137：戦闘進入する長距離爆撃機の編隊。

翼に貫通弾孔を残したまま基地に帰還した）。ヤク戦闘機のパイロットは着陸後に残念がって報告した——「環状照準器では中射程での正確な射撃ができない。砲弾の破裂（自動）は距離4,000mで起きるが、この距離は1,000〜1,200mまで短縮するのが適切である」[41]。

　ソ連軍戦闘機の相手は、敵の爆撃機や急降下爆撃機の集団ではなく、お決まりのように戦闘機だった。友軍部隊の上空を哨戒飛行していた第92戦闘機連隊の17機のLa-5は40機に上るJu88に気づいてこれを攻撃した。しかし厚い雲の塊のためにラーヴォチキン戦闘機の集団は雲の中でばらばらになってしまった。このときフォッケウルフがタイミングよくやって来てソ連軍機を戦闘で拘束した。ソ連戦闘機はペアや単独で攻撃を撃退しようと試みたが、戦力が分散されてしまっていた。この戦闘の結果、基地に戻らなかったパイロットは8名を数え、その中には飛行大隊長でソ連邦英雄のI・D・シードロフ大尉も含まれた。飛行大隊長は"フォッケル"への攻撃に夢中で、彼の背後に進入したドイツ戦闘機に気づかなかったのだ。帰還したパイロットたちは、戦闘の結果5機のJu88と5機のFw190を撃墜したと報じた[42]。しかし、第6航空艦隊の文書や他の資料もドイツ側の損害を確認していない。

　これはかなり典型的な戦闘であった。多くの点で前日の光景が繰り返されている。第16航空軍の戦闘機はまたもや、敵航空部隊の空爆を挫くことに失敗した。ルフトヴァッフェは、ソ連軍第13軍第17親衛狙撃兵軍団部隊が防衛していたオリホヴァートカ方面で特に活発に行動した。中央方面軍司令官の報告によると、ここでは「敵

航空部隊は20～30機と60～100機の集団で絶え間なく軍隷下部隊の戦闘隊形に圧力をかけていた」〔43〕。他の多くのソ連軍部隊も空襲に曝されていた。第70軍第132狙撃兵師団参謀部などは、上空にほとんど常時100機に上る敵機が存在し、その大半が爆弾を抱えていたことを指摘している。

　ドイツ軍の報告書類に載っている数字は、第6航空艦隊航空部隊の積極性が会戦2日目には半分以下に落ちこんだことを物語っている。このような変化は何よりもまず、彼らにのしかかった前日の負荷が極度に大きかったことによって説明される。さらに、ドイツ軍の可動航空機の数は損失と損傷のために減少し、それは最終的には部隊の全体的な戦闘能力に影響を及ぼした。これらすべてがドイツ軍司令部をして、前線の狭い戦区に航空兵力をより一層集中させることになり、ソ連軍地上部隊は常時大規模な空襲が行われている印象に襲われたのであった。

　第6航空艦隊の戦闘活動日誌は、7月6日の損失はJu88が3機、Ju87とBf110、そしてFw190がそれぞれ1機であったと伝えている。ルフトヴァッフェの主計官は、R・フォン・グライム艦隊に所属の10機が破壊され、または大きく損傷した事実を認めた。少なくとも2機のフォッケウルフが前線の敵側で撃墜され、さらにもう1機はドイツ第47戦車軍団部隊の展開地区で不時着に失敗して廃棄されることになった。捕虜たちの供述によると、かなり激しかった一日の間に、Fw190だけで10機以上が機能を喪失した。こうした点

138：ソ連軍夜間航空機を注視するドイツ軍戦車の乗員。

138

から、オリョール・クルスク戦線北面での会戦2日間のドイツ軍の損害はおよそ15～18機だったと推定できる。

　戦闘は改めて、多くの種類のドイツ軍機が持つ高い耐久性を証明した。第55親衛戦闘機連隊のR・F・ポリャンスキー少尉はFw190集団との激戦で弾薬をすべて撃ち尽くしたため、追いかけてくる"フォッケル"の主翼を搭乗機ヤクの主翼で叩き、その後はパラシュートの助けを借りた。ドイツ第1航空師団参謀部の報告によると、第7中隊のL・マイ飛行兵曹長は損傷したFw190A-5（製造番号155948）をオリョール西飛行場に着陸させることに成功した。このドイツ軍パイロットはすぐに別の航空機で戦闘に飛び立ち、"体当たりされた"フォッケウルフは翌々日には戦列に戻された。

　ドイツ側の集計資料を信じるならば、7月6日は第1航空師団の戦闘機は317回の出撃で118機の戦果を挙げるという、きわめて効果的な活躍をしたことになる。第54戦闘航空団第I飛行隊が第二次世界大戦勃発以来撃墜した敵機の数は、1,700機を超えるに至った。第51戦闘航空団第III飛行隊のパイロットたちの中で高い戦果を挙げていたのは、H・リューケ、M・メイエル両中尉、J・ハーメル少尉、前述のL・マイ飛行兵曹長、O・ヴュルフェル、J・イェンネヴァイン両軍曹、F・マインドル伍長の面々で、彼らは全員それぞれ3～4機の戦果を報じた。勝率の高さで周囲を驚かせ続けていたのはH・

139

140：空中戦で撃破され、ソ連軍部隊展開地区に不時着したフォッケウルフFw190戦闘機。パイロットは捕虜となった。

139：巧妙に偽装されたソ連軍対戦車防御拠点砲兵中隊のZIS-3。

141：敵情を偵察するSU-152自走砲の車長。偽装網は敵の偵察の目から装甲車両を隠すためのものである。

シュトラッスルで、日没までにソ連軍機を10機（！）も撃墜した。

　この日失われたソ連軍機（合計91機）の大半はまたしても戦闘機であった。攻撃機の多くの搭乗員は比較的首尾よく敵の攻撃を撃退していった。例えば、2000時ごろボストン爆撃機の集団に多数のFw190が襲い掛かった。戦闘機の掩護は弱体化していた──第282戦闘飛行師団のYak-1戦闘機10機はダグラス輸送機（機内には高級幹部が搭乗）を護衛するために離陸、爆撃機に直接随伴してい

142：第58親衛襲撃機連隊所属の
Il-2シュトルモヴィーク、N・S・マ
ースロフの搭乗員。

143：クルスクの郊外でシュトルモ
ヴィークの成形炸薬爆弾によって破
壊されたIV号戦車。

144

144：第207戦闘飛行師団第5親衛戦闘機連隊のパイロット、I・N・スイトフは1943年の7月に敵機を7機撃墜した。写真は1943年9月に撮影。

145：撃墜した9機目の敵機──ユンカース輸送機の傍に立つN・F・キセリョフ上級中尉。

た第127戦闘機連隊所属の2機のYak-1は故障のために帰還を余儀なくされた。とはいえフォッケウルフが撃破できたのは2機のボストンだけで、そのうち1機のパイロットは前線を乗り越えて、搭乗機を友軍陣地に着陸させることに成功した。また別の出撃では、第2親衛襲撃飛行団所属の若手パイロットN・D・アゲーエフ少尉が編隊から離れてしまったが、それでもFw190の3回の攻撃を跳ね返し、傷ついたシュトルモヴィークを平原に着陸させた。ラジエーターからは水が抜けきり、地図は風でコクピットから吹き飛ばされていた。アゲーエフは地元住民の助けで水冷式エンジンのラジエーターに充填して離陸し、任務から帰還中のイルの集団に合流した。それは同じ師団の所属であると分かり、パイロットが自分の飛行場に無事戻れるよう助けてくれた〔44〕。

またもや最大の損害を出したのは第6戦闘航空軍団の隷下部隊であった──クルスク戦開始から同軍団はすでに航空機81機とパイロット58名を失い、翌朝の時点で軍団内にあった出撃可能な戦闘機は48機しか残っていなかった。第1親衛戦闘飛行師団の全損はもっと少なかったが、師団内の戦闘可能機の数はYak-1とYak-9合わせてわずか26機に過ぎなかった（依然第67親衛戦闘機連隊の予備として残っていた機体は含めない）。Ｓ・Ｉ・ルデンコ第16航空軍司令官が、このような激戦があと数日続いたら同軍の戦闘機部隊は壊滅の瀬戸際に立たされると危惧したのも、根拠のないことではなかったのだ。彼はジューコフ元帥に、新鮮な飛行師団を中央方面軍に移す許可をスターリンから得る必要性を訴えた。

ただこの際、ルデンコはいまだに第56、第67両親衛戦闘機連隊と第739戦闘機連隊を作戦に投入していないことは"黙って"いた。その上、第3爆撃航空軍団第301爆撃飛行師団の所属機も飛行場から外に出ていなかった。ジューコフがこの"言い残したこと"を知ったとき、ルデンコに向かって非常な不満を口にしたが、下された決定を"奪い返す"ことはしなかった。しかし、迅速に新規師団を戦闘に投入することはできなかった──7月7日にA・A・ノーヴィコフ空軍元帥の命令が届き、その翌日に第15航空軍第234戦闘飛行師団の基地移動が始まり、結局、同師団が戦闘に入ることができたのは7月9日になってのことであった。このときまで第16航空軍はクルスク戦開始時点に保有していた兵力だけで戦っていた。

　しかし、ドイツ軍パイロットたちの戦果水準を過大評価してはならない。ソ連の空軍及び地上目標、何よりも戦車を相手にした戦いに関する彼らの多数の戦果報告は批判的に検証されなければならない。例えば、7月6日の結果について彼らは29両の戦車の撃破は確実だとし、さらに12両がおそらく損壊したものと考えている。だが、ドイツ軍司令部が自ら認めるとおり、ソ連軍の戦車と歩兵の反撃を無害化することができたのは爆撃によってではなく、第9軍予備の大兵力を戦闘に適時投入したことによるものであった。小口径高射砲に掩護されたソ連第107戦車旅団などは、ドイツ戦車18両（ソ連側はティーガー戦車だと認識していた）と対戦車砲中隊群からの不意打ちで損害を出した。他の多くの戦車部隊の損害もまた、地上戦だけによるものであった。

　ソ連第2戦車軍の隷下兵団はこの日も、またその後の数日間もドイツ軍の爆撃機と急降下爆撃機の主目標となっていた。第2戦車軍参謀部は、敵機は「絶えず上空にあって、100平方メートルの正方形を一つずつ整地し、友軍の戦車と歩兵に通路を啓開して行った」と指摘している〔45〕。ドイツ第1航空師団の報告からすると、7月11日いっぱいまでに74両のソ連戦車が撃破されたと考えられる。この間実際に第2戦車軍は214両の戦車の損害を出し、そのうち138両は全損であった。しかし、空襲の犠牲となった装甲車両は9両に過ぎなかった。

　その理由の一部はソ連軍の強力な防空態勢にあった。クルスク戦2日目の第13軍地帯に司令部は、方面軍後方目標の掩護任務から外された第12高射砲師団の小口径砲連隊2個と中口径砲連隊1個を投入し、また第25高射砲師団部隊はポヌィリー地区に移され、そこで第29狙撃兵軍団の最も危険性の高い戦区の守りに就いた。このほかに、ドイツ第1航空師団には対戦車戦専用機の数が不足していることも影響した。クルスク戦勃発時点の同師団には、主翼下の懸架式37㎜対空砲で武装したJu87Gの4機編隊1個（StG1内）と同様

146：戦闘任務を首尾よく終えた第163戦闘機連隊長Ｐ・Ａ・ポローゴフ少佐

147：Yak-7b戦闘機の前に立つ第18親衛戦闘機連隊のパイロット。Dm・ロバチョフとN・ピンチュークはともに親衛少尉。ブリャンスク方面、1943年8月。

の武装を胴体下部に施したBf110が14機あったが（ZG1対戦車中隊内）、攻勢初期はあまり活発な行動をとらなかった。

　7月6日にはすでにドイツ第9軍の将軍と高級将校たちの大半が、設備の良く整った敵陣での血みどろの苛烈な戦いに進撃部隊は引きずり込まれてしまったのだと悟った。ドイツ第ＸＸＸＸⅦ戦車軍団の隷下兵団は第2梯団から戦車師団2個を戦闘に投入し、ルフトヴァッフェから大規模な支援を受けていたにもかかわらず、夕暮れまでにソ連戦車の奇襲反撃を完全に撃退することができなかった。また、その西側を進撃中の第ＸＸＸＸⅥ及び第ＸＸＸＸⅠ戦車軍団の隷下師団は、前進が非常に遅かった――防衛線の奥からは常にソ連軍の新規兵力が送り込まれてきていたため、赤軍の防御を突き崩すことはできなかった。総統に対しては、ドイツ兵は英雄的に戦い、航空機はあらゆる賛辞を上回る働きをし、2日間に攻勢前線全域でわずかな損害を代償にボリシェヴィキの航空機を642機破壊したものの、敵はドイツ軍の攻勢の計画と期間を察知していた旨報告された。奇襲効果の達成には失敗したのである。

　ソ連軍司令部はヒットラーの将軍たちの今後の計画だけでなく、将兵たちの士気にも執拗な関心を抱いていた。それを調べるために、パイロットたちを含むドイツ軍捕虜たちの尋問資料も広く活用された。7月6日にオリホヴァートカの北で撃墜されて捕虜となったJu88爆撃機の機長W・シューテーマー飛行兵曹長は中央方面軍参謀部で尋問を受け、その供述の一部は数日後にソ連情報局［通信社］が抜粋して紹介した――

148：野戦飛行場でのPe-2のエンジン交換作業。

149：無線装置に精通していた親衛技手のV・I・ピチューギン中尉。

「爆弾を目標に正確に投下することは私にはできなかった。ロシア軍最前線の強力な高射砲射撃が照準を困難にしたからだ。このときまったく予想外にも雲の中からソ連戦闘機が現れた。それは私の搭乗機を攻撃して炎上させた。次の瞬間、我が中隊のもう1機が墜落した。護衛戦闘機は若くて経験の浅いパイロットたちが操縦していたため、支援を行うことができなかった。

ドイツ軍が7月5日に開始した攻勢はだいぶ前から検討されてきたものである。それはすでに5月〜6月に計画されていたが、私の知らない理由によって延期されて行った。この攻勢の第一の目的はクルスクを獲得し、オリョール〜クルスク〜ハリコフ間の道路を手に入れることである、と私たちにはいわれていた。計画では作戦は4日間で完了させる予定であった。ところが2日目には飛行隊長が、攻勢の進展具合は、司令部が大きな誤算をしたために極めて不満足なものであると話した。ロシア軍の防御は想像したよりもはるかに強力であった。彼の言葉によると、攻勢はすでに失敗した。ちなみに、そのように考えていたのは彼一人ではなく、他の多くの将校も同じであった」〔46〕。

この飛行兵曹長は意図的にソ連軍司令部を欺瞞へと導いた。彼はあたかも第3爆撃航空団の第II飛行隊の所属であるかのように供述したのだ。実際のところは、この部隊は7月の初めに南部でフォン・マンシュタインの攻勢を支援し、撃墜されたユンカースは第51爆撃航空団第II飛行隊の編制下にあったのである。他方、所属部隊長がツィタデレ作戦の行方に深刻な懸念を抱いていたとする航法手の主張は正しい。H・フォス少佐はドイツ軍の文書類からすると、指揮下の爆撃機中隊群を最前線の攻撃に率いていたばかりでなく、ソ連軍防御の縦深と大規模な予備部隊の配置場所を確認するために偵察飛行をも行っていた。だがそこで目にしたものは少佐を重苦しい気持ちにさせた——彼は塹壕線から抵抗拠点が枝分かれした防衛線が何層にも重なる防御システムと新規兵力の頻繁なる接近を確認し、ロシア軍が消耗しているような兆候は何ひとつなかったからだ。

ソ連軍の幹部たちも、独ソ戦線における兵力比が現実にソ連側に有利に変化したことを認めた。それは部隊や戦車や砲や航空機の数だけでなく、現有兵力の用兵の巧拙によって測られる力である。「ドイツ軍司令部はどうやら、1942年の夏にクルスクからヴォロネジに向けて実行したのと同じような攻撃の再現を期待していたようである、——K・K・ロコソーフスキー将軍はこう指摘する。——だが敵は大変な計算ミスを犯した。もはやその時とは違うのだ〔47〕。同じことがいえることはさらにある——1年前同様に攻撃の矛先は第13軍に向かい、しかも同軍の指揮を執るのは当時も今もN・P・プーホフ将軍であった。

150：Yak-7b戦闘機の傍に立つある部隊の技術要員は、兵装の無故障に対してメダルを贈られた。

151：勤務を終えた整備員たち。(左から右へ) ゾーヤ・マリコーヴァ、ガーリャ・ゴレニーノヴァ、ヴァーリャ・スカチコーヴァ、カレーリヤ・ラジヴォン。背景の機体はYak-1戦闘機。

152：攻撃中のイリューシンIl-2シュトルモヴィーク。

衰えぬ戦火
ОЖЕСТОЧЕННОСТЬ БОЕВ СОХРАНЯЕТСЯ

　地上と上空の戦いは昼も夜も鎮まることはなかった。クルスク戦前夜のソ連軍飛行士たちは夕暮れから夜明けまでに100回を少し超える出撃を行い、他方のドイツ軍は15回の出撃で応じたが（いくつかのドイツ軍爆撃機は輸送列車を攻撃）、その次の夜は双方とも行動をさらに活発化させた。ソ連長距離航空軍の航空機は7月5日から6日にかかる夜間にドイツ第9軍の戦闘部隊展開地区の目標に対する269回の戦闘出撃を敢行し、ドイツ軍はそれに応えて第1、第4、第51爆撃航空団の最も良く訓練された35機の搭乗員たちを遣ってエレーツに強烈な爆撃を実行した。ドイツ軍の軽飛行機He46、Ar66、Go145はソ連軍のU-2の行動戦術を真似ながら、夜明けまでソ連第13軍の将兵たちに睡眠を許さなかった。しかし、ソ連第271夜間爆撃飛行師団のパイロットたちは敵機の1回の出撃に対して4〜5回の出撃で応じ、クラースナヤ・スロボートカ、アルハンゲリスコエ地区に行動を集中した。これと並行して、M・Kh・ボリセンコ大佐率いる同師団の飛行士たちは偵察も行い、ドイツ軍が夜間に若干の兵力再編成を実施したことを確認した。

　クルスク戦が始まったころの夜は、ドイツ軍の軽飛行機部隊にとって不運であった。その理由の一部は彼らに前線での経験が欠けていたことによるものだった——1943年の5月から6月の間、これらの部隊はドイツ第ＸＸＸＸⅦ戦車軍団隷下兵団と協同で対パルチザ

153：ソ連第273戦闘飛行師団長、I・E・フョードロフ大佐（写真は戦後の撮影）。

ン活動に携わり、搭乗員たちは前線を越えることがなかったのだ。7月7日の早朝、ある高射砲中隊の隊員たちがファーテシの北東に着陸したドイツ軍の複葉機を発見したが、同機は誘導装置が故障していた。パイロットのH・イーヴァ上等飛行兵は拘束される際に抵抗しなかった。この出来事をソ連軍司令部は飛行士の士気昂揚に利用する。ソ連共産党中央委員会機関紙「プラウダ」は後日捕虜の言葉を紹介した──

「私は自発的にロシア側に飛んできた。なぜならばドイツの勝利に対する確信を失ったからだ。ドイツ軍の正規師団とその最も経験豊かな将兵はすでに駆逐されてしまった。ドイツ軍と特に空軍の兵器・技術力は損なわれてしまった。近代的飛行機と熟練パイロットの不足が実感される。戦闘出撃には今や役立たずの老朽化した、現代の戦闘活動の要求に応えられない飛行機が使用されている。私が勤務していた兵団のパイロットは、フォッケウルフ58型やアラド66型といった旧式練習機に乗らされている。このような飛行機で飛ぶことができるのは自殺志願者だけであり、パイロットたちはそれらを"エンジン付棺桶"と呼んでいる。私たちの飛行隊にあった9機のフォッケウルフ58型のうちの4機は、戦闘に入る前にエンジンの故障から搭乗員ともども墜落した。私はこんなばかばかしい無意味な死に方はしたくなかったので、自分の運命は自分で決めることにしたのだ」〔48〕。

宣伝戦は政治部員たちに委ねられたまま、独自の進展を見せていた。その一方、ソ連軍司令部はドイツ軍の集中的な部隊の移動に気を揉んでいた。ロコソーフスキー将軍は7月7日の早朝、敵の意図

154：撃破されたⅢ号戦車。

155：戦闘任務に向かうU-2軽夜間爆撃機。

を明かすために航空偵察を強化するよう命じた。ソ連軍機の搭乗員たちはドイツ第ＸＸＸＸⅠ戦車軍団の攻撃部隊が強化されているのを確認することに成功した。最高総司令部スターフカに宛てた中央方面軍司令官の報告書には、「ズミーエフカからグラズノーフカを経由してポヌィリーに向かう自動車と戦車の連綿たる移動」とオリョールから南寄り及び南西寄りの田舎道を伝う部隊の移動、それに「オリョール～クロームィ間の道路上に活発な移動」が指摘されている〔49〕。後に明らかになったとおり、ドイツ軍は実際にプロターソヴォからポヌィリーの北に第18戦車師団を転進させ、また中央軍集団の予備に控えていたエゼベク軍団群のうちの第4戦車師団を前線に引き出してきた。ソ連第70及び第13軍の作戦地境から第13軍の正面中央へ、ドイツ軍は主攻撃方面を移し変えたのである。

　ソ連側の資料ではしばしば、7月7日のドイツ軍部隊の新たな攻撃を挫く上で赤軍航空部隊の果たした役割が過大評価されている。例えば、上空から破壊した兵器や車両の中に154両の戦車と261台の自動車があったと伝えているが、これは実際の空襲の結果を、少なくとも戦車に関していえば、およそ一桁上回っている。しかし、航空偵察によって敵の計画に関する情報をタイミングよく入手した中央方面軍司令部は、予備兵力を使って最も危うい方面を強化することは間に合った。ポヌィリーへの近接路で戦っていた第307狙撃

兵師団部隊を支援するため、この地区には突破砲兵師団1個と迫撃砲旅団1個、それにロケット砲旅団、対戦車駆逐旅団各1個が急派された。

　同時に高射砲部隊の移動も続いていた——第16高射砲師団から小口径高射砲連隊2個が、前日までドイツ空軍の動きが不活発だった第48軍の掩護から外されて北東方向に移され、第2戦車軍隷下兵団を防護する任務を与えられた。戦車軍の正規および臨時に付与された高射砲部隊は、第16高射砲師団長を指揮官とする高射砲集団に統合された。中央方面軍後方の目標を防御していた第10高射砲師団の配置を若干修正して、方面軍司令部は高射砲部隊の移動を7月8日までに終えた——敵主攻撃方面の高射砲密度は前線1km当たり中口径砲2門と小口径砲8〜10門に達した〔50〕。

　ドイツ軍の戦車と自動車化歩兵が再び前線を突破しよう試みたところ、嵐のような砲撃に直面して、五度にわたるポヌィリー攻撃は勢いを失った。ほぼ同じころ、オリホヴァートカへはドイツ空軍に支援された第ＸＸＸＸⅦ戦車軍団が進撃していた。7月7日の夕刻までにドイツ軍はソ連軍防御部隊を少し押しやることしかできなかった。翌日もこれといった変化はなく、周囲を見渡すことのできる257.0高地（オリホヴァートカの北4km）を複数の長時間の戦闘の末に占領したが、それも戦術的な性格のものでしかなかった。攻勢の正面全長は8日は2kmを超えなかった。クルスク戦4日目の夕刻

156：戦闘で損傷した第271夜間爆撃飛行師団所属のU-2に集まる修理班。1943年7月6日。

までにフォン・クリューゲの部下たちはクルスクから50kmも離れ、ソ連軍の設備がよく整えられたいくつかの陣地から離れてしまった。

　依然としてドイツ軍の爆撃機、地上攻撃機と双発戦闘機の搭乗員たちはソ連軍陣地の圧迫を続け、友軍進撃部隊を前方に押し出そうとしていた。時折、大空襲の後にドイツ国防軍の戦車と歩兵は実際にソ連軍防御陣地を数百メートル奥に進むこともあったが、その後はソ連軍の反撃が続いて後退を強いられていた。7月8日の午後にロコソーフスキー中央方面軍司令官が、最後の予備兵力である第9戦車軍団を戦闘に投入したことは重要である。編制定数を完全に満たしたこの兵団は、ロコソーフスキー曰く、「我らが美と誇り」であった。

　ドイツ軍飛行士たちの主な目標群の中には、依然としてソ連軍の戦車と火砲が残されていた。頻繁な部隊の再編成と陣地の移動はドイツ空軍の仕事を難しくした。たとえば、赤軍の曲射砲中隊はいわゆる"掩蔽陣地からの機動阻止射撃"をかなり順調に進め、爆撃による砲兵の損害を抑えることができた。7月7日は第11親衛戦車旅団が9～16機の爆撃機編隊による数十回の空爆にさらされたが、航空爆弾が破壊した戦車は1両のみで、主に破壊されたのは補助機材や自動車であった。またこの日にドイツ軍は5回を下らぬ空襲を、クルスク戦中最も強大だったソ連軍抵抗拠点のひとつがあるポヌィリー地区の目標に対して行った。1030時、前線に針路160、高度2,500mで30機のHe111が接近してきた。だがソ連戦闘機はその隊形を乱すことに成功した。爆撃機は慌てて、かなり不正確な照準で爆弾を投下し、無秩序に6～10機ずつポヌィリー駅から高度を下げつつ離散して行った。ハインケルが身を隠し終えないうちに、この地区に針路150から（ブリャンスク飛行場を離陸したようだ）55機のJu87がほぼ30機のBf109の掩護を伴って近づいてきた。赤い星を付けた"鷹"たちはこれに交錯対向する針路から襲い掛かり、再び爆撃機の隊形を乱した。地上からは連射の跡がドイツ軍の機影に向かって伸びていくのがよく見えたが、1機も地上に墜落しなかった〔51〕。

　ドイツ軍航空部隊はソ連軍防御陣地に対する仕上げの爆撃を1900時ごろに開始した。それぞれ25～30機を数える2個の爆撃機編隊はフォッケウルフ戦闘機の8機編隊2個に直接掩護されていた。空爆の実施に特別な役割を演じたのは、前線の敵側を哨戒飛行する"ハンター"たちであった。ドイツ軍爆撃機の搭乗員は水平飛行と急降下の両方で爆弾を投下した。そして、死の荷物が空になるとすぐに北の方角に去って行った。爆撃機の第3編隊（He111　20機）は最終爆撃任務の遂行に当たり、各機が3～4回の目標進入を行っ

157：シュトルモヴィークの空襲で大破した88mm砲——射撃班は砲を戦闘態勢に用意することすらできなかった。

158：ソ連軍の攻撃で撃破されたハーフトラック。対戦車砲を牽引していた。

た[52]。今回はソ連軍戦闘機は敵の爆撃機に近寄ることすらできず、ポヌィリーへの近接路上空で戦闘に拘束されていた。航空支援の果実を受け取りながら、ドイツ軍の第18戦車師団と第86歩兵師団の隷下部隊は日没までにポヌィリー市街の北部を占領した。

　ドイツ軍パイロットたちは7月8日にソ連軍の複数の野戦弾薬庫と装甲列車1両にいくつか命中弾を与えた。ソ連側の資料によると、クルスク防衛戦の準備期にすでに第13軍地帯には後方機関が、何よりもまず師団砲兵部隊と軍団砲兵部隊用の膨大な予備弾薬を集中させていた。すべての砲弾、迫撃砲弾、ロケット砲弾の四分の三以上が、あらかじめそれぞれの武器のすぐ傍に移し出されていた。即席の倉庫が敵の爆弾や砲弾の破片で破壊される危険性はあったものの、このような予備資材倉庫の建設は期待に応えるものだった——対敵射撃を休みなく行うことができたからだ。

　ルフトヴァッフェの対装甲列車戦の特徴に関して、ソ連側資料は次のような情景を描写している——ソ連軍司令部はポヌィリー地区に第49独立装甲列車大隊（装甲列車2本から編成）を他の予備部隊とともに第81および第307狙撃兵師団部隊を支援するために移動させた。装甲列車『ルンニッツァ』［半月の意味］と『アルタイ鉄道員』による砲の斉射は、7月8日に敵を遅滞させることに貢献した。このときドイツ軍は戦闘にJu87を36機投入し、濃密な対空砲火を掻い潜る急降下爆撃によってポヌィリー鉄道駅に火災を引き起こし、駅付近の線路を破壊して『アルタイ鉄道員』の退路を遮断した。装甲列車の乗員たちが線路作業員たちとともに夜通し復旧作業に当たったおかげで、翌朝には第49独立装甲列車大隊は完全編制で危険地区を離れることができた[53]。

　ソ連軍司令部は、制空権を巡る戦いに根本的な変化が起きたことを伝える報告を待ちかねていた。7月7日の朝に戦場の上空に現れたドイツ軍機が今までより遥かに少なかったとき、この事実は変化の兆候だと見なされた。それからの数時間、ドイツ軍機は集団行動をとり、その規模は40〜50機を超えなかった。しかし、オリョー

159：出撃に向け準備線まで滑走するIl-4長距離爆撃機。

160：200回目の戦闘出撃を同志たちから祝福される第6親衛飛行連隊（第1親衛長距離航空軍団）のA・A・アレフノーヴィチ大尉。

161：敵情を視察する高射装甲列車車長のN・グレシェンコフ大尉と、副車長のN・クラーヴェツ上級中尉。

ル・クルスク戦線北面上空の空中戦に転機が訪れたと結論するのは、ソ連側の資料の大半にそう指摘してあるからとはいえ、やはり早計であろう。たとえば、Ｓ・Ｉ・ルデンコ第16航空軍司令官の回想の中には次の一節が見られる――

「わが戦闘機は大編隊単位で敵の占領地域上空に侵入してファシストのパイロットたちに空中戦を仕掛け、ヒットラー主義者たちは大きな損害を出していった。翌日、上空の敵は急に積極性を失ったが、我々は敵の歩兵と戦車に対して激しい攻撃を続けていた。上空でのイニシアチブはドイツ軍司令部の手から奪取していた。

ソ連空軍による制空権の獲得はクルスク戦の推移と結果にかなり根本的な影響を及ぼした。ファシストドイツ空軍は、わが軍部隊の戦闘隊形に対して好き放題に行動する可能性を失った。積極性を落とさざるを得なくなったのだ。7月7日に我々の前線で確認された敵機の通過が約1,200機であったのに対して、7月9日にはこの数は350機にまで減少した」〔54〕。

ところが残念なことに、ドイツ軍の文書資料は正反対の様相を伝えている。ドイツ空軍の全兵種は、戦闘機を除き、7月7日は前日に比べて出撃回数を増やしているのだ。7月初めの不安定な天候が続いた後、この日は太陽が輝き、ドイツ軍の飛行士たちは戦闘任務

162：射撃態勢の装甲列車『ルニーネツ』。

162

163

に一度ならず出撃することができたのだった。彼らは夕闇が訪れるまでに1,687回の出撃を繰り返し、またソ連軍の対空監視哨はそれよりもっと多い2,446機（別の資料では2,670機）の上空通過を記録した。これは、攻撃航空機の個々の編隊が複数回目標に進入し、各機が一度に1〜2個の目標に爆弾を投下して、ソ連軍将兵により強烈な心理的圧力を加えようとしていたことによるものだ。

ドイツ軍の集計報告資料は、クルスク戦第3日目に撃墜したソ連軍航空機を81機としており、その内訳は、次のようになっている——LaGG-5:18機、LaGG-3:6機、Yak-7およびMiG-3:各8機、P-40およびP-39:各4機、Yak-1:2機、Il-2:23機、Pe-2およびボストン:各3機、Il-4:2機**。また、クラウス少尉とブルーム、クリーガー両伍長は250回目の出撃を果たした〔55〕。

163：第54爆撃機連隊の優秀な兵装員、青年共産同盟員のマリーヤ・ミローネンコ（写真手前）がPe-2爆撃機に懸架する弾薬を装填する。中央方面軍。

164：戦闘任務を果たし終えて帰還する第80親衛爆撃機連隊のPe-2編隊。

**ドイツ軍の文書からは、クルスク戦に参加したソ連軍航空機の機種のドイツ軍パイロットたちの識別がかなり大まかであったことが分かる。それは、昼間にMiG-3、LaGG-3、Il-4といった航空機との遭遇回数が多いことが物語っている［すべてこの時期には旧式化していた機種である］。

ソ連軍の航空作戦修正
СОВЕТСКОЕ КОМАНДОВАНИЕ ВНОСИТ
КОРРЕКТИВЫ В ДЕЙСТВИЯ АВИАЦИИ

　クルスク戦3日目に赤軍空軍司令官A・A・ノーヴィコフ元帥が航空軍の司令官たちと航空軍団の指揮官たちに『空軍活動の不備解消に関する訓令』（第502634号）を発したのはどうやら偶然ではないようだ〔56〕。ノーヴィコフは訓令の中で次の点を指摘している――空軍上級指揮官層には戦闘任務設定の際に自らの可能性について正しい評価が欠如していること、指揮官の一部にとっては"任務ではなく出撃の遂行"が主で、結果に対する責任感が欠如していること、飛行要員の間には幅広いイニシアチブと軍事上の狡猾性を称える気持ちがないこと、攻撃前に行う敵目標の偵察が不十分であること、空軍各兵科間の連携が満足できる状態にないこと。元帥はまた、しばしば見られる戦闘機部隊の消極的な使用と稚拙な無線指揮、そして攻撃機の公式どおりの使用と脆弱な防御能力も取り上げた。ノーヴィコフの指示は、こうした欠点を解消するには飛行師団、連隊の指揮官には作戦準備にあたって最大限の自由を与えて主導権を拡大する必要があり、作戦は細部まで練られた計画に基づいてのみ実施されねばならない、という点に尽きた。戦闘機部隊は最短期間にペアを組ませ、空中戦連携行動の訓練を最終的に仕上げることとされた。ペアの組み合わせはできるだけ変更しないようにしなければならず、連隊命令で決められていった。こうして、ペアのパイロットたちの責任、特に僚機が長機の行動を確実にさせる責任が重くなった。もうひとつ新規に導入された重要な措置は、飛行要員全体から優秀なパイロットを選抜し、前線の奥で"フリーハンティング"戦術を盛んにさせることであった。

　これらの企図の実現には時間を要した。現下の上空の状況はソ連軍にとって不利な方向に推移していた。ルデンコ将軍が後に回想録に記しているのとは違い、彼は特別な不安を抱いて7月7日の夜明けを待っていた。過去2日間の結果には彼も、中央方面軍司令官も、そして最高総司令部スターフカも満足していなかった。そのため第16航空軍本部は隷下部隊の活動を修正した。しかしそれ以上に有益だったのは、"現場で"連隊や師団や軍団の指揮官たちが行った変更だった。もちろん航空機搭乗員たち自身も最初の2日間の不利な戦闘で多くのことを学んでいた。クルスク航空戦のこの段階を研究したソ連の軍事史家たちが導いたいくつかの結論や総括について、ここでは批判的な評価を試みてみよう。

　「戦闘管制機関と航空戦の無線指揮が整理された」〔57〕。このような肯定的な結果を得ることができたのは、前線付近に航空指揮所網

165：ドイツ軍の密集した地域を攻撃するPe-2爆撃機の編隊。

165

を展開したことによるものだった。ここへ到着した師団長たちや副師団長たちは、戦闘機を敵機に誘導する態勢を整えよとの命令を受領した。こうした活動の成功例となったのが、第53親衛戦闘機連隊のソ連邦英雄V・N・マカーロフが指揮する、さまざまな連隊からなる混成集団の出撃である。第1親衛戦闘飛行師団長のI・V・クルペーニン中佐は40分間にわたって二度、混成集団を敵機の大群に誘導した。最初に15機のYak-1がI./ZG1の40機のBf110の戦闘隊形を攪乱し、オリホヴァートカ地区のソ連軍部隊に対する照準爆撃を不可能にさせた。その後、やはり同じ地区でおよそ50機のJu87とJu88の任務を頓挫させることにも成功した[58]。ドイツ側の資料はソ連軍飛行士たちが撃墜したとする8機の損失を認めていないが、マカーロフ混成集団はその任務を果たしたと思われる。

「各参謀部では、同一の時間と地区にいるさまざまな集団のための一元的な航空戦計画が練られていた」[59]。一年前と同じく、ソ連軍の戦闘機は大編隊で戦闘を行うことができず、最初の攻撃の後はよい場合でも2機や4機の編隊に分散し、悪ければ単機にばらばらになった。分散した小編隊は敵に大きな損害を与えることができず、逆に自らが不利な戦いで損害を出していった。ソ連軍航空部隊の指揮官たちが戦力を増強する試みがうまくいくのは稀だった――地上と上空の作業に明確さが不足していたからだ。

「わが軍の戦闘機は大編隊の同一高度での哨戒飛行から散開隊形の行動に移った」[60]。散開隊形、編隊の攻撃班と掩護班への分割、航空機の高度別重層配置は、残念ながらソ連軍飛行士たちの失敗を防ぐことはできなかった。戦闘が首尾よく展開するのは、さまざまな小編隊の長機がお互いを良く理解しあい、同志たちの救援に向かうことができる場合だけであった。

「戦闘機集団の長には連隊長や大隊長が任命されるようになった」ことは、結果に良い影響を及ぼした[61]。クルスク戦の初日は多くの集団が連隊長によって指揮されていたが、そのうち2名の連隊長が戦死した。遺憾なことに、"父なる指揮官たち" は十分な飛行技術を持っていなかったのだ。このような少佐や中佐たちはわずか数回の戦闘出撃をしただけで、"平時" にみっちりと飛んでいたとしても、部下たちの前で非の打ち所のない権威とはなりえず、まともな戦闘指揮をすることもできなかった。もしかすると、それゆえに7月7日とそれ以降の航空機集団の指揮は、最も決断力があり、戦術的に訓練された将校たちがしばしば執ることになったのかもしれない。それは決まって、飛行大隊長や副大隊長、編隊の長たちであった。第157戦闘機連隊ではこの日の4回の出撃において、ヤク戦闘機の4機編隊と6機編隊をI・S・ズヂーロフ大尉とI・V・マースロフ中尉、A・E・ボロヴィフ少尉、M・S・バラーノフ少尉が率い

166：オリョール・クルスク戦線北面で首尾よく戦い、4機のドイツ軍機を撃墜した第157戦闘機連隊のA・E・ボロヴィフ少尉がYak-1（製造番号1414?）の傍に立つ。文書資料によると、ボロヴィフがクルスク戦の最中に搭乗していたのは別のYak-1（製造番号14127）である。

166

167：A・E・ボロヴィフ少尉は第157戦闘機連隊だけでなく、第6戦闘航空軍団第273戦闘飛行師団全体においても、最も勝率の高いパイロットであった。

て戦果を挙げ、戦闘機パイロットの長所を誇示した（その後全員がソ連邦英雄となり、特にボロヴィフは二度もこの最高称号を授けられた）。その結果、一日に第157戦闘機連隊の隷下部隊は6機のフォッケウルフを撃墜もしくは撃破し、損失は1機のYak-9のみで済んだ——V・F・チモフェーエンコ中尉はパラシュートを使って帰隊した。

「7月7日からわが軍の戦闘機はフォッケウルフとメッサーシュミットの"空中の防壁"とではなく、敵爆撃機との直接対決を始めた」〔62〕。独ソ双方の文書資料によると、Ju87とJu88とHe111が参加する出撃戦闘数はクルスク戦の3日目〜4日目に減少し、戦闘機による損害は7月5日よりも少なかった。会戦2日間のドイツ軍の損害は第6航空艦隊の報告書に記載されたJu87とJu88各2機、そして1機のFw190よりも多かったことはもちろんだが、主計官が伝えたような11機でもなく、およそ（筆者たちの評価では）25機程度で、その大半は戦闘機だったのではないだろうか。2日間に確認された空中戦は125件で、ソ連軍パイロットたちの勝率が上がったとする特別な根拠はないようだ。

とはいえ、ソ連軍司令部は上空と地上での秩序と規律を正すことによって、出撃1回あたりの損害を減らすことに成功した——7月7日、8日の両日に廃棄処分された航空機は87機であった。すなわち、兵器の損害は大会戦初日に比べて半分以下となったことになる。これには、多数のフォッケウルフが可動不能となった結果、ドイツ軍戦闘機部隊の積極性が落ちたことも影響している。

ドイツ軍パイロットたちは、いかなる代償を払ってでも戦果を挙げようとするのではなく、リスクを減らそうとしていたことが何度も認められた。例えば、第721戦闘機連隊のI・S・コージチ中尉が観察したところによると、"フォッケル"の4機編隊は友軍機の集団に目標まで随伴していたかのようであったが、その後2機編隊に分かれて、7機のLa-5とやはり7機の第431襲撃機連隊のIl-2を上前方と下後方から同時に迫ってきた。ソ連軍飛行士たちは用心していたので、この攻撃を損害なしに撃退することに成功した。ドイツ軍機はすぐに戦闘から離脱した。しかし別のケースではドイツ空軍の"ハンター"たちのほうに運があった——コージチ中尉と同じ連隊所属の経験豊かな飛行大隊長K・A・ドルージツキー大尉は帰還しなかった〔63〕。

　太陽方向からの攻撃や、天候が顕著に悪化した7月8日以降の雲の中からの攻撃は、ドイツ軍エースたちのお気に入りの戦法であった。ソ連軍のあちこちの部隊から、搭乗員たちが行方不明になったとの情報が入ってきていた。戦死したのは決まって、全体の隊形からはぐれてしまった若い飛行士たちであった。第273戦闘飛行師団長のI・E・フョードロフ大佐が指摘したように、"ハンター"たちの不意の襲撃はほとんど毎回、ソ連軍機のペア間の距離を変え、部隊内の連携行動を乱した。それは、ドイツ軍のエースたちが上昇反転や急降下や故意のきりもみ降下（墜落の真似）をしながら、首尾よく戦闘から離脱することを可能にした。フォッケウルフのパイロットたちの好き放題の行動には何も打つ手がないかのごとくであ

168：50機目の敵機を撃墜した第51戦闘航空団第1中隊長J・ブランデル中尉を祝うパイロットたち。この戦果は同中隊400機目の勝利となった。

った。しかし7月8日には、たとえ最も勝率の高いドイツの"ハンター"たちでも、出撃後の無事の帰還は保障されていないことが明らかとなった。彼らにとって最悪だったポヌィリー上空での空中戦を、独ソ双方の文書資料に基づいて再現してみよう。

　最上段からの急襲でヤク戦闘機1機を撃墜した後、第51戦闘航空団第Ⅲ飛行隊のH・シュトラッスル飛行兵曹長はFw190を急降下の態勢から急上昇に転じた。高度4,000mより上空で水平飛行に移るとき、機体の速度が落ちた——重い"フォッケル"が再び速度を上げるには辛い数秒間を必要とした。シュトラッスルにとって不幸なことに、ソ連軍戦闘機がさまざまな高度で哨戒飛行しており、第347戦闘機連隊のある小部隊が高度5,000m、太陽の方角から黒十字の機体にすぐさま反撃を仕掛けてきた。危険を感じたドイツ空軍の"エクスペルテ"は再びフォッケウルフを急降下させ、高度を3,000m以上も落とした。しかし、長機のYak-9は離れなかった。敵機まで距離80mまで近づいたシルコフ大尉は機関砲と機銃の正確な連射をいくつか放った。するとドイツ軍機は火を噴き、ヒトロヴォー村（オリョール～クルスク間の鉄道線路付近）から程遠くないところに墜落した〔64〕。シュトラッスルはパラシュートを使おうとしたが、高度が低く、完全には開傘せずに死亡した。

　オリョール・クルスク戦線での会戦はさらに46日間続く。しかし、どの戦闘機パイロットも、ドイツ側資料を信ずるならば、7月5日から同8日の間に30機の戦果を挙げた第51戦闘航空団第Ⅲ飛行隊

169：出撃準備中のFw190（製造番号2351）。クルスク戦最高のドイツ軍エース、H・シュトラッスル飛行兵曹長が搭乗した機体。

170：Ⅲ./JG51のH・シュトラッスル飛行兵曹長は7月8日に戦死した。彼はオリョール・クルスク戦線の戦いで最も勝率の高いドイツ軍エースであった。

の、このエースの勝率に迫った者はいなかった。シュトラッスルが『メルダース』航空団に入隊したのは1941年末の、東部戦線のルフトヴァッフェに弱体化が目立つようになった時期である。他の著名なパイロットたちと同様、最初の頃の空中戦ではまだ、戦友たちの間で目立ってはいなかった。1942年末現在のシュトラッスルの記録には150回の戦闘出撃と14機の戦果があった程度だ。翌春の初めに彼の部隊がBf109FからFw190Aに換装されてすぐに、彼は教習を受けるためにドイツへ送られた。

東部戦線への原隊復帰は、立て続けの戦果に彩られた──6月の間にさらに18機の戦果を挙げることができた。シュトラッスルの戦友たちは、この25歳の"エクスペルテ"がやがて第51戦闘航空団の中で最も高い戦果を挙げるパイロットの一人になるものと信じていた。しかし、撃墜したソ連軍機の数が67機に達した221回目の出撃は、彼の最期となった。この頃、ほぼ同じ地区で行動していた別の有名なパイロットF・アイゼナハ中尉はもっと幸運であった──第54戦闘航空団第3中隊長の彼は重傷を負いながらも、搭乗機をうまく基地の飛行場に着陸させることができたのだ。

171：参謀長に遂行任務について報告する、第58親衛襲撃機連隊のV・T・アレクスーヒン少尉。

ドイツ軍攻勢の"息切れ"
НАСТУПЛЕНИЕ ВЕРМАХТА «ВЫДЫХАЕТСЯ»

多くの歴史家たちの見解に従えば、7月7日はオリョール・クルスク弓形戦線北面の地上戦において決定的な一日となった。ソ連第13軍の文書からすると、この日の前にも後にも、「航空機が投下した爆弾以外に、わが方から約3,000tの弾薬が」あらゆる種類の火砲によって放たれたような激戦は見られなかった〔65〕。このような評価に矛盾しないかのごとく、ドイツ側の報告書もちょうど、7月7日に投下された爆弾をゲルマン的几帳面さで数え上げた数字を載せている——破砕爆弾1,196,370kg、小型航空破片爆弾及び航空焼夷弾97,430発。

この日はソ連軍攻撃機部隊も自らの存在を大いに主張した。シュトルモヴィークは忙しく活動し、219回の出撃を行った。とりわけ首尾よくいった攻撃は、シェーレル将軍率いるドイツ第9戦車師団部隊に対するカシャールィ地区（オリホヴァートカ方面）での対戦車爆撃であった。この攻撃を実行したのは、戦闘機の分厚い覆いに守られた第299襲撃飛行師団の各30～40機のIl-2編隊群である。ソ連側の資料は、襲撃機パイロットたちは大集団で献身的に行動し、34両を下らぬ戦車及びその他の装甲車両を撃破したと主張する。この攻撃は敵戦車に後退を余儀なくさせ、くぼ地に兵器を分散することを強いた。ソ連第13軍の前進指揮所の一つから第299襲撃飛行師団長のI・V・クループスキー大佐が襲撃機を地上目標に誘導したことは重要である。

成形炸薬爆弾の広範な使用もその果実をもたらした。密集した戦車や突撃砲や装甲車は空からの攻撃にかなり脆いことが判明したからだ。ブズルーク地区とセミョーノフカ地区とでの首尾よい空襲は、第874襲撃機連隊のスミルノフ上級中尉とK・E・ストラーシヌィ大尉がそれぞれ率いる8機編隊が実現させた。両編隊の長機は帰還した後に第13軍司令部から感謝された。この襲撃機連隊の搭乗員たちがマロアルハンゲリスク地区の敵戦車破壊のために消費した約500発の対戦車航空爆弾PTAB-2.5-1.5は大変有効であった。

この日はまた、ソ連軍司令部は大規模な爆撃機部隊も動員し、再び第3爆撃航空軍団のすべてを任務に投入した。文書資料は235回の爆撃機の出撃を記録しているが、これは前の2日間の合計よりも多い。ペトリャコフとボストンからなる9機編隊群の空襲によってドイツ軍司令部は不意を衝かれた。朝の間ソ連軍機に対する射撃を行ったのは対空砲部隊だけだった。その後、ソ連軍の掩護戦闘機部隊は何度も捨て身の行動に出て、ドイツ軍エースたちの攻撃を挫いた。例えば、第517戦闘機連隊のM・I・ヴィジュノフ上級中尉は

172：最新の戦闘機La-5FNでの飛行を控えた第32親衛戦闘機連隊のソ連邦英雄I・M・ホーロドフ。ブリャンスク方面、1943年7月末。

172

Yak-1でほとんど直上から垂直に敵戦闘機のコックピットに襲い掛かり、自分の生命を代償に爆撃機を守った〔66〕。独ソ双方とも互いに敵の航空攻撃部隊の襲撃に効果的な抵抗を行うことはできなかったといっても、過言ではないようだ。

　7月8日に戦闘に投入されたドイツ第4戦車師団は間もなく大きな損害を出してしまった。捕虜となったK・ブリューメ伍長は尋問でこう語った──「7月5日にかかる夜、私たちにはヒットラーの命令が読み上げられた。その中では、ドイツ軍は明日、戦争の行方を決する新たな攻勢を開始するといわれていた。第35連隊にはロシア軍の防衛線を突破する任務が課された。2日後に戦車100両が出撃陣地に進出した。このとき私たちをロシア空軍が攻撃し、数両がやられた……。

　高地の尾根に達した私たちはロシア軍の対戦車砲と対戦車ライフルによる交叉射撃十字砲火に遭遇した。隊形はすぐに乱れ、前進は勢いを落とした。隣の戦車から煙が出た。中隊長の先頭戦車は停車し、それから後ずさりを始めた。私たちが教導部隊で学んだことはどれも役に立たなかった。戦車突破戦術は今回はうまく行かなかった。やがて私の戦車は撃破され、中で火災が発生した。私はあわててそこから飛び出した。戦場には40両を下らぬ戦車が撃破されており、その多くが炎上していた」〔67〕。

　この日ドイツ軍戦闘機が断固たる抵抗を示し得たのは、1個の爆撃機編隊に対してのみであった。ボストン爆撃機と掩護のヤク戦闘

173：航空機の接近を注視するドイツ軍の将校たち［車両はフレームアンテナと2mのロッドを装備したSd.Kfz.250装甲無線車。通常、師団司令部級の装備である］。

機との格闘で、第51戦闘航空団第Ⅳ飛行隊長のR・レッシュ少佐は戦力を急速に結集させ、空中指揮下の航空機を30機にまで増やした。赤い星を付けた爆撃機2機と戦闘機6機が飛行場に帰還しなかった。後に分かったのは、若いパイロットたちは不利な戦闘の中で常にうまく立ち回るというわけには行かなかったが、献身的な働きをしたということだった。ドイツ軍は3機のFw190を失い、他方、ソ連第517戦闘機連隊所属の3名のパイロットたちは生存し無事であった。しかもA・F・トゥール少尉はこの格闘戦から8日目に不時着地点から帰還した〔68〕。

1943年夏の空の戦士たちに対する教育は過酷なものとなった。初めて戦闘出撃に参加した若手戦闘機パイロットたちがどれほど厳しい試練にさらされたかを示す例を、ここにいくつか挙げることができる。第273戦闘飛行師団第163戦闘機連隊所属のソブール上級軍曹は7月5日の朝にYak-9Dに搭乗し撃墜された。隊内では戦死したものと思われていたが、彼はパラシュートでの脱出に成功して、その日の夕刻には連隊に戻った。翌日も同じ状況が繰り返された——フォッケウルフが今度はYak-7bに乗ったソブールを撃墜したが、彼は行方不明者の名簿に名前が載る前に姿を見せた。だが7月7日、幸運は上級軍曹にそっぽを向いた——敵の一連射がコックピットを貫通し、もはやパイロットが機体を離れることはなかった。

第279戦闘飛行師団第92戦闘機連隊のペトゥホフ少尉の搭乗機は戦闘中に撃破された——ラーヴォチキン戦闘機の片方の主脚が降りなかったが、パイロットはうまく飛行場に戦闘機を着陸させることができた。整備兵たちはすぐに、慣れ親しんだLa-5（製造番号37211436）の修理に取りかかった。

その間にパイロットは予備連隊から受領した新しい飛行機で戦闘に飛び立った。ペトゥホフにはFw190戦闘機1機の集団戦果が記録されたが、7月7日に彼は再び撃破された。ゴリャイノヴォー村付近に不時着したLa-5（製造番号39210118）はPARM（野戦航空修理所）に運ばれたが、パイロットは"馬なし"にはならなかった——8日の朝には彼の機体を戦列に並べることができた。

7月8日の夕刻、N・A・ボロダーノフ少尉は生まれて初めての空中戦を経験した。第286戦闘飛行師団第739戦闘機連隊所属の1個編隊は、ポヌィリー地区の友軍地上部隊がフォッケウルフに奇襲されていたところを掩護した。だがこの格闘ではソ連軍パイロットたちにツキがなかった——隊形はすぐに分散してボロダーノフは孤立し、彼の搭乗機は深刻な損傷を受け、M-82エンジンは息も絶え絶えの調子だった。そして、レベジャーニ付近の自分の飛行場までわずか2kmほどの地点でパイロットは1905時に不時着したが、それは悲劇に終わった——La-5は地面に機首を突っ込んでひっくり返

り、少尉は負傷が元で死亡した。事故現場に駆けつけた指揮官たちは、戦闘機の弾倉には一発の銃弾も残っていないことを確認した。

とはいえ、経験豊かなソ連軍パイロットたちが不運に見舞われることも稀ではなかった。7月8日1355時、第1親衛戦闘飛行師団所属の6機のYak-1と2機のP-39偵察機（長機―ソ連邦英雄、第53親衛戦闘機連隊長I・P・モトールヌイ少佐）が友軍部隊の掩護に出撃した。新米と見られていたのはベレージン少尉ただ一人、残りは皆試練を乗り越えてきた戦士たちで、スターリングラードの上空ではその誰もが複数の戦果を挙げていた。彼らはポヌィリー～オリホヴァートカ地区で、ソ連軍陣地をすでに爆撃中だったBf110の大群を発見した。曇天はソ連軍パイロットたちに2機ごとに分散することを余儀なくさせ、部隊全体で敵を攻撃するのを妨げた。このときソ連邦英雄V・N・マカーロフ少佐のペアは最初にメッサーシュミットに襲い掛かり、次に接近してきたユンカース部隊の照準爆撃を妨害した。

不意を突かれたドイツ軍の掩護戦闘機はすばやく態勢を立て直した。その最初の反撃に直面したのは、Bf110への攻撃から離脱しようとしていたモトールヌイとパーセチニクのペアである。I・S・パーセチニク大尉が搭乗するP-39エアラコブラはボルジヒとエリコンの斉射を浴びて空中で破壊された。ほどなくして、ニキーチン少尉のYak-1も同じような運命を辿ることになった。彼は1機のフォッケウルフを追跡していたが、別の敵機が彼の背後に進入したことに気づかなかった。ペアの長機だった彼は無線による警告に反応せず、戦死した。原因は不明である。さらに、連隊長を含む2名のパイロットは、損傷したヤク戦闘機を最も近い野戦飛行場に着陸させた〔69〕。

このような情勢の下、一連の連隊、とりわけ戦闘機連隊では飛行要員の中に当惑と自信喪失、敵のエースに対する恐怖心が見られるようになった。第16航空軍に関する命令書の一つは、第163戦闘機連隊のパイロットたちの「臆病者同然な決断力の欠如」を非難している〔70〕。彼らはクルスク戦開始の2～3日後には第347戦闘機連隊内で、よほどのことがないかりぎ任務を遂行するようになり、7月8日になると第163戦闘機連隊長はアブラーモフ少佐からP・A・ポーロゴフ少佐（元第737戦闘機連隊航法手）に交代した。ポーロゴフ少佐は365回の戦闘出撃において18機の個人戦果と6機の集団戦果を挙げ、ソ連邦英雄の称号受章者に推薦された。

ドイツ軍の文書の中に、7月9日のソ連軍飛行士たちの積極的な行動の証拠を発見することができた。中央軍集団参謀部の作戦集計報告では、「（ソ連）空軍の多数の襲撃が、特にポドリャーニ～ボブリーク～サボーロフカ地区において」認められ、また同じくこの機

174：ソ連軍が撃破したⅢ号突撃砲。

関の偵察集計報告には次のようにまとめられている——「敵空軍は多数の航空機を撃墜されながらも、依然として防御の重要な兵力要素となっている」〔71〕。

　ソ連軍司令部はこの日ようやくE・Z・タタナシヴィリ大佐の第234戦闘飛行師団を戦闘に投入することができた。同師団は戦闘経験のない若手パイロットを多数抱えてはいるものの、ブリャンスク方面軍航空部隊の優秀兵団の一つと見られていた。同師団4個連隊のうちの3個はヴィポルゾヴォー地区からコールプナ、クラースノエ、リモーヴォエ（クルスクの北東80km）の各飛行場に基地を移した。これらの飛行場にはそれまで第273戦闘飛行師団の隷下部隊がいた。しかし、7月9日の朝にはこれらの飛行場は閑散としてしまった——フョードロフ大佐率いる同師団に残った可動機がわずか14機（！）となってしまったからだ〔72〕。

　師団長は第133戦闘機連隊を予備に残し、夜明けとともに第233及び第248戦闘機連隊のパイロットを地上部隊の掩護に飛び立たせた。悪化した天候は飛行士たちの行動に影響した——彼らの多くが不慣れな地勢で方向を見失い、8機が不時着の際に破損してしまった。興味深いことに、7月9日は報告書に1件の空中戦も記録されていないが、2名を下らぬパイロットが行方不明となっている。どうやらドイツ軍エースの不意打ちの犠牲となったようだ。

　代わりに多くの戦闘を行ったのはソ連空軍の爆撃機と襲撃機の搭

乗員たちである。朝6時ごろ、ポドソボーロフカ地区のドイツ第47戦車軍団の歩兵と戦車にソ連第241爆撃飛行師団の飛行士たちが爆弾を浴びせかけた。各18機のPe-2爆撃機編隊3個は順調に任務を遂行し、第16航空軍司令官のルデンコ将軍はこれら搭乗員たちに謝意を表した。この数分後、程遠くない所にあるソボーロフカ村ではソ連第301爆撃飛行師団のPe-2爆撃機34機が目標を爆撃した。F・M・フェドレンコ大佐の部下たちもまた、死の荷物をかなり正確に投げ下ろしたが、撤退の際にドイツ軍戦闘機の攻撃を受けた。

　クルスク戦開始後はじめて、ドイツ軍のエースたちは対空砲部隊とうまく連携してソ連軍爆撃機の大群を混乱させることに成功した。しかしそれまでに、Fw190のいくつかのロッテがソ連第6戦闘航空軍団の掩護戦闘機の注意を逸らしていた。第241爆撃飛行師団は対空砲射撃によって"ペーシカ"[Pe-2ペトリャコフ爆撃機の愛称]を1機失ったのに対して、第301爆撃飛行師団は7機を減らした。ドイツ軍パイロットたちの典型的な戦法とも言えるのは、すでに損傷した爆撃機や隊形から落伍した機体を攻撃するやり方であった。Pe-2（製造番号4/130）の搭乗員たちは地上からと空中での集中的な砲火にさらされながらも、搭乗機を友軍部隊の陣地まで辿り着かせ、そこで緊急着陸を行った。しかし、他機の搭乗員たちはそこまで幸運ではなかった。

　最も厳しい試練に見舞われたのはソ連第299襲撃飛行師団の飛行士たちであった。ドイツ軍地上部隊を襲撃する際、正午過ぎに11機のIl-2襲撃機は（稀なケースであるが）正面から攻撃を受けた。ソ連軍パイロットたちは損害を免れ、任務の遂行を継続した。襲撃機に随伴していた戦闘機の注意を逸らすことができたフォッケウルフたちは再び"せむし"[大戦当時、Il-2を真横から見た形状を比喩してこのような表現で呼ばれた]に襲い掛かった。だがIl-2は防御円陣隊形を作って攻撃をすべて撃退し、損害はなかった。するとドイツ軍のエースたちは巧妙な手段に出た──彼らは戦闘から離脱するふりをして、いったん濃い煙の中に姿を隠した。シュトルモヴィークは楔形に隊形を変える際に三度目の攻撃を受け、4機が撃破された。しかし残る7機は再び防御円陣隊形を形成した。ドイツ空軍の"ハンター"たちは今度は執拗に粘り強い戦闘を展開し、いろいろな方向から進入を繰り返した。ドイツ軍戦闘機はしばしば地形を利用して偽装し、イルたちを背後の下方から撃墜しようとしていた。それに対してソ連軍パイロットたちは高度を15〜20mにまで下げ、合計30回に上る攻撃を撃退した。

　後続していた同じ飛行師団の6機編隊は、これほどにはうまく行かなかった。Fw190のロッテ2組[4機編隊のシュヴァルム]はまず、シュトルモヴィークを掩護していた第896戦闘機連隊の8機の

Yak-1をすべて引きはがして戦闘に拘束することに成功した。イルのパイロットたちは長機がすぐに命令を発したにもかかわらず、なかなか防御円陣隊形を組まず、25機のフォッケウルフとの戦いに勝つチャンスを失った。シュトルモヴィーク1機に対してそれぞれ3～4機のドイツ軍戦闘機が襲いかかり、ザドロージヌイ中尉の搭乗機には7機もの敵機が攻め寄った。しかし、ここではドイツ軍戦闘機は互いに邪魔となったようだ。パイロットは損傷したIl-2（製造番号2148）を友軍部隊の陣地に着陸させることに成功し、銃手のリパートフとともに夕刻には原隊に復帰した。しかし第874襲撃機連隊所属の4機は撃墜され、搭乗員を乗せたまま全焼した〔73〕。ほぼ毎回の空中戦で各4～6機の"フォッケル"を破壊したとするソ連軍飛行士たちの感情的な撃墜申告は、他の資料で確認することができない。

　7月9日はソ連第299襲撃飛行師団の歴史において最悪の日となった。師団本部には絶え間なく未帰還または撃墜されたシュトルモヴィークの情報が届いていた。兵器損害リスト（事故及び故障によるものも含まれる）には82機に上るIl-2の番号が記されていた〔74〕。幸いなことに、15機以上の襲撃機は不時着をして、修理が可能であった。操縦手と銃手たちは自動車や輸送車、または徒歩で飛行場に戻った。そこには彼らよりも前に戦闘で撃墜された者たちもいた。とはいえ、7月5日の朝に可動状態にあった142機の襲撃機とその142組の搭乗員たちのうち、4日後も戦列に残っていたのは人員も機体も半数に満たなかった。

　ソ連軍の飛行士たちが最も忙しく行動したのがこの日の午前中だったのに対して、ドイツ空軍は逆に、第4及び第53爆撃航空団の100機に上る航空機を使った唯一の大空襲を1930時に敢行した。ソ連軍の予備部隊、特にモローティチ（オリョールの真南90km）の東にいた第19戦車軍団部隊は強力な爆撃にさらされた。ドイツ

175：撃破されたブルムベーア。

175

軍飛行士たちが自ら指摘しているとおり、低く垂れ込めた雲と大火災の煙が空襲の結果を観察するさまたげになった。このときのソ連側の損害が大きくはなかったと推測する根拠はある。2100時に約1個連隊のドイツ軍歩兵が80両の戦車を随伴させてファーテシ方面への突破を試みたが、その任務を果たせなかったからだ。

　それまでのドイツ軍は、ソ連第13軍の正面（特にポヌィリー付近）、それに同軍と第70軍の連接部においてソ連軍部隊を何度も攻撃して、防御の脆弱な部分を見つけ出す希望を棄ててはいなかった。ドイツ第ＸＸＸＸⅦ戦車軍団は過去数日同様に最大限の航空支援を享受した。通常ドイツ軍機の集団はそれぞれ20〜30機の爆撃機及び急降下爆撃機からなっていた。しかし、ドイツ軍地上部隊の攻撃はすべて、大きな損害を伴って撃退されていた。毎日の前進距離は数百メートル単位で測られる程度で、多くの部隊の戦闘可能な戦車の数は当初の20〜25％を越えなかった。

　前出の例から分かるとおり、7月9日はドイツ軍の戦闘機も爆撃機も、急降下爆撃機も消極的ではなかった。このことはまた、第6航空艦隊の活動結果全体を見てもいえることである。ただし、悪天候が艦隊司令部の企図に修正を強いたが、ドイツ空軍は昼間に877回出撃したのに対して、ソ連第16航空軍のパイロットたちの出撃回数は775回であった。ルフトヴァッフェはドイツ軍の攻勢作戦の当初から制空権を握り続けており、投下した爆弾の総重量と昼間出撃回数の点でソ連軍航空部隊を凌駕していた（7月6日を除く）。

176:平原に不時着したFw190に集まるコルホーズ（集団農場）の若者たち。

177：出撃の合間にFw190の整備を行うドイツ軍地上員。

178：ドイツ軍防御陣地の攻撃を終えて帰還する、第25親衛長距離飛行連隊のPe-8重爆撃機。

夜間部隊
НОЧНИКИ

　ここで少し詳しく、日中に劣らず緊迫した夜間の航空部隊の活動を見てみよう。実際のところ、クルスク防衛戦の最初の5日間の夜はソ連軍の飛行士たちに大きな負荷がかかり、時には可動U-2爆撃機1機につき3～4回、長距離爆撃機1機につき最大2回の出撃を行っていた。長距離爆撃機は主にドイツ軍の軍レベルの地帯と前線付近に死の荷物を投下した。というのも、長距離航空軍司令部が一時的にドイツ国防軍の遠距離後方に対する空襲を止めていたからである。作戦報告書の中には次のような集落の名前がドイツ軍占領地区として常に登場している――トロースナ、ヴェールフニェエ・ターギノ、クラースナヤ・スロボートカ……。

　広大無辺の戦場には昼夜を問わず大火災の明かりが点在していた。このような中では日中は爆撃の結果を特定することは困難であった。夜間は尚のこと、低空からでさえ爆弾がどこに落ちたのかを確認することはできなかった。そのため爆撃手たちの帰着時の報告は簡素であった――「任務遂行せり。目標は破壊さる」。稀に、7月6日から7日にかかる夜のように第271夜間爆撃飛行師団の飛行士たちは夜間偵察を行うことがあった。第970夜間爆撃機連隊の爆撃手В・М・プストヴァーロフ少尉には、その翌日にポヌィリー駅から北東のドイツ第86歩兵師団の指揮所を殲滅する任務を受領したときの出撃が思い出に残った――

　「師団を見つけるのは容易ではなかった。いつもより頻繁に照明ロケットが打ち上がっていた。その揺らめく明かりは暗闇の中から、ずたずたにされた死の地面を捉えていた。それはまさしく死の大地

だった！……それでも私たちは目標に出た。そして叩いた。爆撃の後、照空灯の光線をうまくすり抜けて駅の方に急降下した。駅の場所を探り当てるのは、全焼した建物とあちこちに散乱した列車の車輪だけが頼りであった。

『見ろよ、なんて有り様だ！』――操縦手のカザコフが叫んだ。……すべてが死に絶えていた……」〔75〕。

このときも、また他の出撃のときも、ソ連軍飛行士たちの一番の敵はドイツ第12対空師団の対空砲と照空灯であった。クルスク戦の初期はドイツ軍の夜間戦闘機は前線付近地帯上空の哨戒活動は行わなかった。もしかするとそれゆえに、ソ連第271夜間爆撃飛行師団の損害は小さかったのかもしれない――戦列を外れた航空機は4～5機を超えなかった。

最も持久力のあるU-2爆撃機の搭乗員たちは夜間に5回に上る出撃をこなし、それらの出撃の様子はどれも、すでに書いたとおり双子のように似ていた。第45親衛夜間爆撃機連隊の飛行士たちの記憶するところとなったのは、シリャーエフ上級中尉とジダーノフスキー少尉に起きた出来事である。彼らの"ククルーズニク"〔実際に農作業にも使用されたU-2練習機の愛称で、ロシア語の「ククルーザ」（とうもろこし）に由来〕は強力な対空砲撃に補足され、砲弾の破片が直撃して主翼を傷つけ、燃料タンクを貫通した。コックピットに噴きこんできたガソリンは操縦手の顔と脚にかかった。火災を恐れたシリャーエフはエンジンを切って平原に滑空して行ったが、そこには地雷が敷設されていた！　幸いなことに、U-2の着陸は無事に終わった。搭乗員たちは安全措置をすべて遵守しながら損傷部分を修理し、地雷のない林道の方向に飛び立って、その夜のうちに戦闘出撃をさらにもう1回（！）行った〔76〕。

7月10日にかかる夜に第44親衛夜間爆撃機連隊のゴロメードフ大尉はソボーロフカの目標へ正確にU-2を進入させ、爆撃手のヴァシチェンコ上級中尉は爆弾を投下した。大きな爆発に続いて上空を照空灯の光線が走り始めた。ドイツ軍の照空灯部隊は先頭の航空機は邪魔せずに、後続のカラバーノフ中尉の搭乗機を光線に捕捉した。砲弾は補助翼を傷つけ、操舵ロッドを粉砕し、爆弾投下装置を開閉不能にした。パイロットは左に揺れるU-2を懸命に支え、それからこの複葉機を最前線付近に着陸させた。駆けつけた赤軍兵たちは着陸の理由を知って、程遠くないところに破壊されて横たわっているIl-2をニコラーエフ爆撃手に指差した。その機体からワイヤーを取ってロッドを修復し、負傷した航空機は"自力で"帰隊した〔77〕。

ドイツ第6航空艦隊の"夜を騒がす部隊"（Störkampf）の最初の5日間の損害も同じようなもので、4～5機であった。このうち2機の即席襲撃機とそのパイロットたちはソ連軍司令部の掌中に陥り、

1機のAr66はオリョール北飛行場にあと数キロメートルのところで搭乗員たちとともに大破した（おそらく同機はドイツ軍の基地近辺を偵察していたソ連軍夜間爆撃機に撃墜された可能性がある）。ドイツ軍の夜間航空部隊が出撃したのは104回だけであったため（対するソ連軍のU-2は903回出撃した）、このような結果はドイツ軍司令部を満足させるものではなかった。というのも、ソ連軍パイロットたちとの激戦に明け暮れていた戦闘機部隊でさえ、損害は比較的少なかったからである。捕虜となったH・イーヴァの言葉には頷ける——老朽化した練習機を拙速に改造した航空機は、夜間行動の求める条件に完全には応えられなかった。そのような航空機の運用方法が練り上げられていなかったことも否定できない。これよりも大きな成果を上げることができたのは、この年の5月に新設された第15近距離偵察飛行隊の特殊編隊の夜間偵察機の飛行士たちである。彼らは時折、ソ連軍砲兵陣地をついでに小型航空爆弾で爆撃することもあった。

　ドイツ軍の"通常型"爆撃機部隊の黄昏時の行動についていえば、その約150回の出撃は鉄道施設と鉄道連絡線と列車車両、特にクルスク～カストールノエ間の輸送車両の破壊に向けられた。7月6日の夕闇が訪れてからのエレーツのターミナル駅に対する空襲では"良好な結果"が指摘され、翌日の夜にはあるドイツ軍機の搭乗員たちがトゥーラのソ連軍飛行場を首尾よく封鎖した。任務を終えて帰還中のソ連第2親衛航空軍団の飛行士たちは約1時間にわたって、着陸の危険は冒さずに自分たちの航空基地の周辺を旋回していた。同航空軍団の2回目の出撃は挫かれてしまった。

　長距離空襲の後の着陸はいつも無事とは行かなかった。第6航空艦隊参謀部の報告書によると、7月7日にかかる夜にオリョール西飛行場へ帰還中の第1爆撃航空団第9中隊長A・ジーベルト中尉は、霧の中でユンカースを大破させてしまい、搭乗員たちはみな負傷し、打撲を負った〔78〕。この事故に航空艦隊司令部は不安を抱き、熟練搭乗員たちは悪天候下に危険を冒さないようにさせた。7月9日にかかる雨天の夜はすべての離陸が禁じられ、翌日の夕方は悪天候のためにわずか3機の爆撃機が発進しただけであった。

　しかし、ルフトヴァッフェの飛行士たちが終日積極的に活動するのを邪魔したのは悪天候だけではなかった。ソ連側公文書資料のデータからは次の結論が導かれる——ドイツ軍の夜間飛行場、特にオリョール地区の飛行場の封鎖は、小規模な兵力によって行われたにもかかわらず十分有効であった。

　1943年6月末の時点ですでに、第3親衛飛行師団参謀部は第10親衛飛行連隊のソ連邦英雄D・I・バラシェフ大尉の搭乗員たちが〔オリョール〕州都地区の定期的な偵察活動を始めることを任せていた。

179：夜間出撃に向けて強面の
Pe-2がじっと待機している。

彼の豊かな戦闘経験と飛行テクニックは、かなり正確にドイツ軍の対空砲と照空灯の配置場所を暴露し、照明信号システムを把握して、実働並びに欺瞞飛行場の特定を可能にした。夜間の出撃がオプトゥーハ、スパースキー、フメーレヴァヤと、最も頻繁に使用されるクロームィで確認された（これらの集落はどれもオリョールから15～40kmの範囲にある）。クルスク戦の開始からドイツ軍飛行場を封鎖する意義は何倍にも大きくなった。それゆえバラシェフは所属の師団と軍団の司令部に対して"予備燃料を十分に持った夜間戦闘機を、月夜には常に大きな収穫を挙げることができるであろうクロームィに派遣する"ことを要請したのだ〔79〕。

非凡なパイロットの提案は残念ながら、このときは然るべき支持を得られなかった。それでも当時は、第3親衛航空軍団の他の飛行士たちがクルスク戦初期に戦線南部の目標に対する行動をとっていたのと同様に、バラシェフと彼の連隊仲間であるV・M・コレースニコフ（今や同じ師団の第20親衛飛行連隊で勤務中）のイリューシン襲撃機が、オリョール周辺で敵に不快な思いをさせることは少なくなかった。特に成果の大きかった襲撃が7月7日にかかる夜に実行された——飛行場での爆発はドイツ軍に滑走路の補助照明と色様々に揺らいでいる炎を消させ、着陸してまだ機体照明を消すのが間に合わなかったユンカースは航空爆弾の破片の一部が破壊した。ジーベルトの事故が起きたのは悪天候だけが理由ではなかったと推測するに足る根拠がここにある。

クルスク防衛戦の期間、オリョール前線上のドイツ軍の目標に対する攻撃は、モスクワ近郊（モーニノ、セールプホフ、ラーメンスコエ、オスターフィエヴォ、トゥーラ）に基地を持つ航空兵団が主に実行した。最も集中的な活動が見られたのは7月5日から6日にかかる夜間で、269回の出撃（他のデータでは257回）が記録された。この夜、ソ連長距離航空軍は小さな林の中やくぼ地、道路、小さな

集落にいるドイツ軍部隊を叩いた。夜間航空部隊の用兵の特徴は、専用の誘導照明がない中で前線直近の目標を探索、破壊せねばならないことにある。第19親衛飛行連隊（第2親衛航空団）指揮官のA・I・シャーポシニコフ中佐が指摘しているとおり、P・P・ラッチューク、V・V・レショートニコフ、F・N・ログーリスキー、A・G・ロマーノフたちが率いる搭乗員クルーは、蓄積した経験をすべて活用して、とりわけ精密に目標を爆撃した。

爆撃機の爆弾搭載量を増やすために、長距離航空軍司令部はV・F・ロシチェンコ、P・P・フルスタリョフ、ソ連邦英雄M・T・リャーボフの組と他の数組の搭乗員クルーには燃料タンク内の予備燃料を大幅に減らすことを許した。航空機操縦のスペシャリストと認められていた彼らは、航行位置の推算ミスや方位の喪失などはないものと期待され、その期待は完璧に満たされた。最も訓練を積んだクルーにはまた、自ら目標を選定することも許可された。

当時長距離航空軍司令官代理であったN・S・スクリープコ空軍元帥は、最初の3日間は対敵攻撃戦力の増強に成功したと強調している――「7月8日にかかる夜に長距離航空軍は再び、戦列にあった可動航空機全機を飛び立たせた。ほぼ500隻の軍艦［ソ連軍は長距離爆撃機をその大きさからしばしば"軍艦"と呼んでいた］（そのうち169隻はロコソーフスキー将軍の麾下部隊のために活動し、残る艦はクルスク戦線南部またはドイツ軍の後方を攻撃した:著者注）

180・181：Il-2とPe-2の爆弾を準備する兵装員。

181

がフガス爆弾と破片爆弾を最大限搭載して、ファシストたちの戦車や歩兵の集結しているところを叩いた。これは極めて重要かつ時宜を得たものであった。なぜならば、敵は新規兵力を主攻撃方面に投入し続け、中央方面軍部隊の防御を第2ポヌィリー、サモドゥーロフカの地区で突破し、オリホヴァートカに進出しようと企んでいたからだ。84組の搭乗員クルーはグラズノーフカ鉄道駅地区の敵を爆撃し、83機の航空機がマロアルハンゲリスクの西22kmのドイツ軍部隊に打撃を加え、ヴェールフニェエ・ターギノとオジョールキの集落付近では（さらに2機のIl-4がオリョール航空基地網の中の各飛行場を偵察した：著者注）」[80]。

この夜長距離航空軍はオリョール方面とベールゴロド方面に全部で5,701発、総重量555.19tの爆弾を投下し、約88万枚のロシア語とドイツ語のビラを撒いた。監督機［長距離航空軍にだけ存在する作戦活動観測機］の搭乗員たちは、敵陣内で全焼した戦闘車両や爆破された燃料運搬車や破壊された移動修理車などを報告した。中央軍集団の断片的な報告書と戦利文書からは、この夜に兵器と人員の損害を出したのは第20戦車師団第112自動車化歩兵連隊と第86歩兵師団第216歩兵連隊教導工兵大隊、第34対空砲連隊軽対空砲2個大隊、第18戦車師団修理機関、その他であると思われる。

クルスク戦開始後5日間の夜間にオリョール・クルスク戦線北面でソ連長距離航空軍が行った出撃は761回を数え、その間に2機が

209

大事故により、また5機が友軍占領地域での緊急着陸の結果失われた。時として上空が地上のように窮屈になることもあった――第1親衛航空軍団の文書は戦闘進入するイリユーシンが友軍機と衝突したケースを2件記録している。そのうちの1件では、7月8日にかかる夜に第16親衛飛行連隊所属のIl-4が第284夜間爆撃飛行師団所属のU-2に体当たりして5名が死亡した。

　長距離航空軍は夜毎次第に多くの割合の航空機がオリョール・クルスク戦線の北面から南面での行動に移っていったが、これは前線の情勢の推移によって説明される。しかし、この間の中央軍集団後方の目標はソ連中央方面軍後方の目標よりも、もっと大きな圧力の下にあった。例えば、ドイツ軍の夜間航空部隊の活動が最も盛んであった7月7日から8日にかかる夜に、第6航空艦隊所属の双発爆撃機は55回の出撃をして、ファーテシ付近の小駅とカストールノエ駅を爆撃し、クルスク〜カストールノエ間の輸送車両に対する"フリーハンティング"を行った。他方の長距離航空軍はこの夜、前述の資料からするとドイツ軍の出撃1回に対して3回の出撃で応えている。

　この間はドイツ軍の夜間戦闘機も大きな成果を挙げていない。ソ連軍によるクルスク防衛の段階では、3件のソ連軍機の緊急着陸のみ、ドイツ軍夜間戦闘機がその原因として指摘されているだけだ。第36飛行師団第42飛行連隊の若年パイロットであった、М・И・ヴェルシーニン少尉の報告によると、ある出撃において彼の搭乗機は二度にわたって双発メッサーシュミット［Bf110］にグラズノーフカの目標上空で攻撃を受けたが、追跡者から逃れることに成功し、爆弾を投下した。第7航空軍団第102飛行連隊のV・A・チシコー大尉が乗るLi-2もウネーチャ駅の上空でドイツ軍戦闘機のかなり執拗な追跡を受けた。その搭乗整備士N・M・ゴルノスターエフは次のように回想している――

「曳光弾連射の点線が丸窓の暗いガラスに横線を引いた。友軍の機銃が口を開き、薬莢が音を立てた。コックピットの中は火薬の煙で覆われた。機体は激しく下降し、右に滑っていった。なんとかロープをつかんだ。逆立った地面には火災が猛威をふるい、私たちはその灼熱の真っ只中に落ちて行くかのように思われた。本当に撃墜されたのだろうか?! するとLi-2は地上付近で滑らかに急降下から脱し、私が自分の持ち場に辿り着く間に機体はもう闇に包まれていた」[81]。

　中央軍集団の戦闘日誌はクルスク戦初夜の戦闘機部隊の首尾よい活動を伝えている（ソ連軍爆撃機1機が撃墜され、おそらくもう1機撃墜されているだろう）。一方の第6航空艦隊の戦闘日誌は7月5日から同11日にかけてのドイツ軍の夜の"狩人たち"の空中戦の戦

果には触れず、もっと控えめな評価を行っている。これは部分的には、同艦隊の飛行士たちは大きな州都や鉄道中継拠点の上空を哨戒していたのに対して、ソ連長距離航空軍の飛行士たちは前線直近の目標を中心に爆撃していたことで説明できよう。

独ソ双方のデータはソ連軍の損害のいくつかの原因を詳らかにしてくれる。例えば、ソ連第5長距離航空軍団に所属し、クルスク戦初夜にベールゴロド地区のドイツ軍部隊を爆撃した後で撃墜された爆撃機の機長F・F・リャザーノフ中尉の報告によると、1機のドイツ軍夜間戦闘機が待ち伏せしていた。K・S・イワノフ爆撃手は戦闘任務を遂行すべく高度300mから爆弾を投下し、冷静に復路を計算した。搭乗員クルーの誰もがいかなる不快な事態も予想していなかったが、スタールイ・オスコール地区でLi-2には下方から正体不明の航空機が接近してきた。ソ連軍飛行士たちは機体に火線が突き刺さっても何をすることもできなかった。爆撃手と通信手が負傷し、方向舵と補助翼が損傷し、右エンジンが急に止まった。爆撃機は操縦が難しくなり、機首が上向きになろうとした。降下していく機体に向けてドイツ軍機はもう1本の正確な連射を放った。この後爆撃機長はパラシュートを使ってLi-2を離れるよう命じた。この命令は搭乗員クルー全員が実行したが、イワノフは着地の際に脳震盪を起こし、病院に送られた〔82〕。

このケースを調査した第7親衛飛行連隊長のA・N・アルチェーミ

182：負傷した赤軍兵を野戦病院に緊急搬送すべく、S-2衛生機に収容する。

エフ少佐は、撃墜された飛行士たちは友軍部隊地域上空を飛行する際に危機感を失い、指示された飛行高度を守らなかったと指摘した――Li-2は飛行指示書に書かれた高度600mではなく、1,500〜1,600mを飛んでおり、それが上空で敵が同機を発見するのを容易にしたのである。

　ドイツ軍文書から分かるのは、第6航空艦隊所属の夜間長距離偵察第2中隊（2.（F）/Nacht）はオルシャ～オリョール～ヴォロネジのルートを飛行し、クルスクとブリャンスクを通過して帰還する任務を受領していたことである。そして、スタールイ・オスコールから程遠くないところでDo217KとLi-2の針路が交わっていた。ドイツ軍機の操縦手は、銃手たちが射撃に便利な体勢を取らせ、銃手たちは与えられたチャンスを逃さなかったのだ。別のケースも見られた――ソ連軍の夜間航空機に対する攻撃を、ルフトヴァッフェの双発爆撃機も他の任務と並行して実行していた。しかし双発爆撃機が実際に妨害することができたのは、ソ連長距離航空軍飛行士たちのごく一部に過ぎなかった。

183：戦闘の合間にFw190戦闘機の前に集まった、第51戦闘航空団第1中隊のパイロットたち。

184：オリョール・クルスク戦線で最も戦果を挙げたドイツ軍エースの一人、J・イェンネヴァイン軍曹。

185：裏返しになったFw190を回収するドイツ軍地上員たち。

184

185

偵察部隊
РАЗВЕДЧИКИ

　偵察部隊が重要な役割を演じたのはクルスク戦の前夜だけでなかった。しかし、クルスク戦のこの段階でソ連軍飛行士たちが入手したデータは、情報として十分に有用なものではなかった。軍レベル地帯でのドイツ軍部隊の移動に関する情報は、決まって爆撃機と襲撃機の最も訓練を積んだ搭乗員たちが主任務と並行して収集していた。彼らは敵の移動と敵陣内での主な変化を記録していった。そして着陸後の報告は通常こうであった──「密集縦隊の移動を観察、各々100両に上る戦車並びに自動車を数える……」。操縦手や爆撃手、銃手たちは戦車の数量を確認することはできなかったため、入手した情報に特別な価値はなかった。

　稀にではあるが定期的に中央軍集団の前線後方上空に飛んでいたソ連軍飛行士たちが、静けさに気づくことはあった。第98親衛長距離偵察機連隊のS・I・コジェーヴニコフ大尉はバフマーチ～ゴーメリ間のドイツ軍の物資輸送を追跡し、着陸後にこう報告した──「偵察地区は活気が消失、すべての道路が空いており、移動はなく、都市と駅もまた閑散とし、ゴーメリでさえ輸送の観察は稀である」〔83〕。興味深いことに、この偵察飛行中に搭乗員たちは濃い雲の中

186：撃破されたソ連T-34戦車の下でソ連軍の空襲から身を隠すドイツ兵。

187：野戦飛行場でM-11エンジンを整備する地上員。

187

で方向感覚を失い、不意にドイツ軍爆撃機が密集しているブリャンスク飛行場の上空に出た。このときの飛行高度はわずか500mであったが、ソ連軍機の出現はドイツ軍の防空部隊にとってもまったく予想外のことであった。3時間と10分間空中にいたPe-3は無事に帰還した。

　これよりもっと劇的だったのは、同じ部隊に所属するI・P・ウグヴァートフ少尉が機長を務めるPe-2の出撃である。グラズノーフカ上空で前線に接近したところで同機はFw190の集団に襲われた。偵察機は敵から逃れようとして南に向かい、ベールゴロド地区に出たが、そこで再びドイツ軍戦闘機の攻撃に遭った。今度は4機の"ハンター"たちが長時間にわたって追跡を止めなかった。ソ連軍偵察機は活発に機動飛行し、短い連射を繰り返して攻撃をすべてかわしているうちに、図らずもハリコフ（！）まで出てしまった。ここでウグヴァートフは急降下して敵から離脱することに成功し、その後彼の乗機は前線を越えて、ソ連第17航空軍のノーヴァヤ・ペトローフカ飛行場に無事着陸した〔84〕。

　この日ドイツ軍飛行場に対する偵察任務に最も成功したのは第16独立偵察機連隊の飛行士たちであった。このときは、80機以上のJu87がオリョール地区の飛行場（マーロエ・スピーツィノ、レージェンキ、メーゼンカ）に、43機のHe111と19機のBf109がセーシチに、第4爆撃航空団第II及び第III飛行隊所属の双発爆撃機42

188・189：負傷したドイツ国防軍将兵を後方へ移送するFi-156D。

188

機を含む54機の航空機がオルスーフィエヴォ飛行場に、また35機の戦闘機がクヌバーリ村付近（オリョールの南10km）にそれぞれ確認された。他の日の偵察報告は断片的な情報で、それは一部悪天候のせいによるものでもあった［85］。

　ソ連空軍に対するルフトヴァッフェの航空偵察活動は絶え間なく頻繁に行われ、実質的に24時間体制であった。近距離偵察3個飛行隊（NAGr4、10、15）と長距離偵察1個飛行隊（FAGr2）はクルスクに北から進攻する部隊のために行動し、クルスク戦の最初の5日間に739回の任務飛行を行った。（ソ連軍偵察部隊の約5倍）。ドイツ軍の作戦文書の中では、これらの偵察は『武装偵察』、『砲撃修正』、『戦術偵察』、『鉄道輸送運行観測』、『その他任務の出撃』と分類されている。

　クルスク戦の当初、ドイツ軍は広範な前線で長距離偵察を頻繁に行っていた。7月6日に捕虜となった第100長距離偵察飛行隊第1中隊（1.（F）/100）の航法手J・パウル少尉の供述によると、飛行隊長のマルクヴァルト大尉は、ヴェリーキエ・ルーキ、ルジェーフ、ベールイ、ヴェーリシ地区からの新規ソ連軍兵力の接近を発見する任務を課した。しかし、この地区の自動車道路や鉄道連絡の入念な調査も、"ロシアの奥地"の活気を示すものを暴露することはまったくできなかった。おそらくソ連軍予備部隊の接近は全般にクルスク戦の開始までに完了していたのだろう。ちなみにこの長距離偵察機中隊はさらにもう1組の搭乗員を失ったが、これは多分ソ連第1

防空戦闘航空軍のパイロットたちに撃墜されたものだろう。

　最も負担が大きかったのは、すでに指摘したとおりBf109とBf110を保有する第4近距離偵察飛行隊（NAGr4）の搭乗員たちであった。例えば、7月5日に同飛行隊の搭乗員たちは0930時から1600時まで4機編隊と6機編隊で12回も出撃した。メッサーシュミットたちはポヌィリー、クルスク、リゴフ、マロアルハンゲリスクの上空に現れ、砲兵部隊、戦車部隊と連携行動をとった。砲兵射撃を修正し、空襲または砲撃の結果を記録する試みは、決まってうまく行かなかった──悪天候と戦場の濃い煙が、パイロットたちが最前線の状況を注意深く観測するのを許さなかったからだ。時には7月6日のように、ドイツ軍の偵察機が空中戦に積極的に参加して、ソ連軍の攻撃航空機部隊の活動に抵抗することもあった。報告書類からすると、第4近距離偵察飛行隊第1中隊（1./NAGr4）の中隊長で、ボクシングの元ドイツチャンピオンであるG・フィンダイゼン大尉は、第9軍が防御に移行するまでに5機の戦果を挙げた。

　この日の中央軍集団の戦闘日誌はこう記録している──「偵察機部隊は主任務の遂行とともに攻勢南翼において自動車縦隊を爆撃、銃撃し、爆撃機に攻撃される目標の破壊を観測した」[86]。また、偵察機の搭乗員クルーたちがソ連軍戦闘機の強力な抵抗を克服せねばならないことも稀ではなかった。

　ドイツ第ⅩⅩ軍団（第2野戦軍所属）の文書は、NAGr10の偵察機搭乗員たちが偵察任務と並行して定期的に小型炸裂爆弾で敵を攻撃していたことを、一度ならず指摘している。クルスク戦の最初の5日間に同飛行隊の偵察機はソ連第60及び第65軍の隷下部隊に対して4,500kgの爆弾を投下した。前線のこの戦区でソ連軍航空部隊が比較的消極的であったことは、飛行音の静かなFw189と旧式化したHs126が掩護なしに活動することを許した。7月6日に確認できるケースのように、La-5のペアが12回も孤独な"杖つき老人"を攻めて、機体に三度命中させたが、これを撃墜することはついにできなかった（第16航空軍隷下部隊の報告書の中に、「ソ連軍パイロットの誰がヘンシェルを攻撃できたのか」という問いに答えを見つけ出すには至っていない。これらの部隊はこの地区では行動していなかったからだ。ドイツ軍の偵察機が戦ったのは、どうやら第9防空戦闘航空軍団の戦闘機だったようだ：著者注）。

　もちろん、ドイツ軍飛行士たちの誰もが幸運に恵まれていたわけではまったくなかった。ソ連軍後方への大胆不敵な出撃が頓挫させられることもあった。例えば、前述と同じ飛行隊のHs126（製造番号4389）は7月6日の日中にリゴフ、クルスク、シチーグルィ、カストールノエを回って帰還しようとしていたところ、ソ連第15航空軍のパイロットたちに攻撃され、リーヴヌィ市付近で撃墜された。

190：野戦飛行場の周縁で偽装さ
れるNAGr15のFw189偵察機。

191：空中戦で撃墜されたユンカ
ース機の墜落現場。

A・シュルツェ伍長はたくさん浮かぶ雲の中に、ソ連軍戦闘機から姿を隠すことができるものと期待していたようだが、天候を利用することには失敗した。このとき彼は前線の奥50km、ソ連第27軍部隊の上空にいたのだった。

　第15近距離偵察飛行隊（NAGr15）もまたFw189とHs126を装備し、さらに北の地区を担当していたが、彼らの状況はNAGr10よりも悪かった。そこではソ連軍航空部隊（第15及び第16航空軍所属）が断固とした抵抗を示していたからだ。ソ連第48軍の陣地、とりわけ第13軍との連接部の上空では大量のソ連軍戦闘機が哨戒飛行をしており、ドイツ軍パイロットたちはかなり不愉快な思いをさせられていた。マロアルハンゲリスク市地区での偵察任務の際に、例えば同市に進撃していたドイツ第78突撃師団の司令部は第9軍偵察課に偵察兵力の追加抽出を要請した。この"隣人支援"の要請に対して第4近距離偵察飛行隊長のT・フィネク少佐はこう電報を打った――「わが搭乗員たちの可能性は相当に限られている。彼らは持てる力をすべて第ＸＸＸⅠ戦車軍団地帯に投入しており、新たな要請の遂行が可能とは思われない」〔87〕。

　あいにく、ドイツ軍の報告書に記されているクルスク戦初期の偵察機の損害データは完全ではない。当然、その間の"額縁"［Fw189偵察機のこと］撃滅に関するソ連第160戦闘機連隊及び第32親衛戦闘機連隊、その他部隊（第15航空軍）のパイロットたちの報

192：Il-2襲撃機の傍で開かれた共産党の集会。左端の飛行士は全ソ連共産党への入党申請を行った。

告すべてに説得力があるとはかぎらない。とはいえ、少なくともNAGr15のこのタイプの航空機1機を撃墜することには成功したようだ。第54親衛戦闘機連隊のI・F・バリューク大尉率いるYak-1の4機編隊は7月8日、特徴的な双胴シルエットの単機に向けて地上から誘導された。長機は地上からの音声をはっきり聞き取った——「上方に砲撃を修正しているFw189あり」。必要な高度に上がったバリュークは敵機を上方から攻撃し、その銃手を戦闘不能にした。さらに雲に隠れるのを許さず、次の進入で機体の致命部を破壊した。そして"額縁"は落下していった。　　　　　　　　　　（下巻へ続く）

第2章　資料出所（上巻）

ИСТОЧНИКИ

1. Zhukov G.K. Vospominaniya i razmyshleniya. T.2. M.:1978. S.149/ G・K・ジューコフ著『回想と考察』巻2　モスクワ　1978年刊　149頁
2. Golovanov A.E. Zapiski komanduyuschego ADD. M.:1997. S.211/ A・E・ゴロヴァーノフ著『ADD司令官の手記』　モスクワ　1997年刊　211頁
3. Klink E. Das gesetz des Handeles. Die operation "Zitadele"1943. Stuttgart:1966. S.191/ E・クリンク著『1943年の"ツィタデレ"作戦の研究』　シュトゥットガルト　1966年刊　191頁
4. Gundelach K. Kampfgeschwader "Gneral Wever"4. Stuttgart:1978. S.240/ K・グンデラッハ著『第4爆撃航空団"ヴェーファー将軍"』　シュトゥットガルト　1978年刊　240頁
5. Soobscheniya Sovetskogo Informbyuro. T.5. M.:1944. S.14/ ソ連情報局報道集　巻5　モスクワ　1944年刊　P.14
6. Mahlke H. Stuka: Angriff: Sturzflug. Bonn:1993. S.173/ H・マールケ著『シュトゥーカ:攻撃·急降下』　ボン　1993年刊　173頁
7. Bruetting G. Das Waren die deutschen Stuka-Asse. Stuttgart:1992. S.117-119/ G・ブルーティング著『ドイツのシュトゥーカ・エースたち』　シュトゥットガルト　1992年刊　117～119頁
8. "Krasnaya zvezda", 1943, 7 iyulya/ 赤軍機関紙「赤い星」　1943年7月7日付
9. Bochkarev P.P., Parygin N.I. Gody v ognennom nebe. M.:1991. S.153/ P・P・ボチカリョフ、N・I・パルイギン共著『炎の空の歳月』　モスクワ　1991年刊　153頁
10. クリンク著前掲書　191頁
11. CAMO RF　フォンド368、ファイル目録6476、ファイル70、67葉
12. 同上　第3爆撃航空軍団フォンド、ファイル目録1、ファイル6、96葉
13. Bruetting G. Das Waren die deutschen Kampfliger-Asse 1939-1945. Stuttgart:1992. S.230/ G・ブルーティング著『ドイツの爆撃機エースたち　1939～1945年』　シュトゥットガルト　1992年刊　230頁
14. CAMO RF　第273戦闘飛行師団フォンド、ファイル目録1、ファイル3、34葉
15. 同上　第6戦闘航空軍団フォンド、ファイル目録1、ファイル6、4葉
16. 同上　第347戦闘機連隊フォンド、ファイル目録239656、ファイル1、30葉
17. 同上　第163戦闘機連隊フォンド、ファイル目録558029、ファイル1、21葉
18. 同上　第53親衛戦闘機連隊フォンド、ファイル目録288562、ファイル2、51葉
19. Operativnye doneseniya gruppy armij "Centr". 4 iyulya-16 oktyabrya 1943g. Per. s nem. M.:1947. S.4,5/『中央軍集団作戦報告書　1943年7月4日～10月16日』　独書露訳　モスクワ　1947年刊　4～5頁
20. Sbornik materialov po izucheniyu opyta vojny. No.11. M.:1944. S.175/『戦例研究資料集』第11号　モスクワ　1944年刊　175頁
21. Informacionnyj sbornik VVS KA. No.14. M.1944. S.38/『赤軍空軍情報集』第14号　モスクワ　1944年刊　38頁
22. Grossmann H. Geschichte Reheinisch-Westfalen Infanterien-Division 1939-1945. Podzum:1958. S.164/ H・グロスマン著『ヴェストファーレン歩兵師団史　1939～1945年』　ポツダム　1958年刊　164頁
23. CAMO RF　第299襲撃飛行師団フォンド、ファイル目録1、ファイル48、40葉
24. 同上　フォンド20256、ファイル目録1、ファイル6、326葉;第486戦闘機連隊フォンド、ファイル目録211987、ファイル3、16葉

25. Rudenko S.I. Kryl'ya pobedy. M.:1976. S.168/ Ｓ・Ｉ・ルデンコ著『勝利の翼』 モスクワ 1976年刊 168頁
26. CAMO RF 第1親衛戦闘飛行師団フォンド、ファイル目録1、ファイル28、113葉
27. 同上 フォンド35、ファイル目録11280、ファイル478、167葉裏面,171葉
28. Aders G., Held W. Jagdgeschwader 51 "Moelders". Stuttgart:1973. S.135/ Ｇ・アーデルス、Ｗ・ヘルト共著『第51 "メルダース"戦闘航空団』 シュトウットガルト 1973年刊 135頁
29. CAMO RF フォンド368、ファイル目録6476、ファイル54、9葉;BA/MA RL 2 III/878. "Flugzeugbestand und bewegungsmeldungen"./ BA/MA RL2 III/878「航空機在庫と活動報告」に依拠して作成
30. Kurskaya bitva. Khronika, fakty, lyudi. Kn.1. M.:2003. S.174/『クルスクの戦い 記録、事実、人々』巻1 モスクワ 2003年刊 174頁
31. BA/MA RL 2 III/1185. "Flugzeugunfaelle und Verluste den (fliegende) Verbaenden"; Mikrof. Aleks. T-312/1253 "Auszugsgweise Luftwaffenuebersicht 4.7-24.8.1943". Teil 2. "Einsatz der Luftflotte 6"./ BA/MA RL 2 III/1185「(航空)艦隊の航空事故と損害」;公文書資料マイクロフィルム巻T-312/1253『1943年7月4日～8月24日』巻2「第6航空艦隊の出撃」に基づいて作成。
32. CAMO RF 第6戦闘航空軍団フォンド、ファイル目録1、ファイル6、6葉
33. 前掲『クルスクの戦い 記録、事実、人々』 174頁
34. 前掲『中央軍集団作戦報告書』 9頁
35. CAMO RF 第70軍フォンド、ファイル目録111059、ファイル42、155葉
36. Ｓ・Ｉ・ルデンコ著前掲書 170頁
37. 前掲『クルスクの戦い』 モスクワ 1970年刊 192～193頁
38. Solov'ev B.G. Vermakht na puti k gibei. M.:1973. S.107/ Ｂ・Ｇ・ソロヴィヨフ著『ドイツ国防軍 死への道』 モスクワ 1973年刊 107頁
39. CAMO RF 第347戦闘機連隊フォンド、ファイル目録239656、ファイル1、36葉;第519戦闘機連隊フォンド、ファイル目録143518、ファイル1、4葉
40. 同上 第221爆撃飛行師団フォンド、ファイル目録1、ファイル28、84葉
41. 同上 第1親衛戦闘飛行師団フォンド、ファイル目録1、ファイル7、10葉
42. 同上 第92戦闘機連隊フォンド、ファイル目録518894、ファイル1、29～30葉
43. 同上 フォンド226、ファイル目録321、ファイル143、147葉
44. 同上 第2親衛襲撃飛行師団フォンド、ファイル目録1、ファイル38、127葉
45. 同上 第2親衛戦車軍フォンド、ファイル目録4148、ファイル145、19葉
46. Soobscheniya Sovetskogo Informbyuro. S.23,24/ ソ連情報局報道集 23～24頁
47. Voenno-istoricheskij zhurnal. No.6. M.:1968. S.75/『軍事史ジャーナル』誌 第6号 モスクワ 1968年刊 75頁
48. "Pravda", 1943, 12 iyulya./「プラウダ」紙 1943年7月12日付
49. CAMO RF フォンド62、ファイル目録321、ファイル104、189葉
50. Protivovozdushnaya oborona vojsk v Velikoj Otechestvennoj vojne 1941-1945gg. Kn.2. M.:1973. S.144-147/『大祖国戦争の対空防御 1941～1945年』巻2 モスクワ 1973年刊 144～147頁
51. CAMO RF フォンド20253、ファイル目録1、ファイル8、112～113葉
52. 同上 フォンド368、ファイル目録6476、ファイル101、2葉
53. Efim'ef A.V., Manzhosov A.N., Sidorov P.F. Bronepoezda v Velikoj Otechestvennoj vojne 1941-1945. M.:1992. S.200,201/ Ａ・Ｖ・エフィーミエフ、Ａ・Ｎ・マンジョーソフ、Ｐ・Ｆ・シードロフ共著『大祖国戦争の装甲列車 1941～1945年』 モスクワ 1992年刊 200～201頁
54. 16-ya vozdushnaya. M.:1973. S.99/『第16航空軍』 モスクワ 1973年刊 99頁
55. 前掲『クルスクの戦い 記録、事実、人々』 185,193頁
56. Sovetskie Voenno-Vozdushnye sily v Velikoj Otechestvennoj vojne 1941-1945gg. Sb. dok. No3. M.:1959. S.190-195/『大祖国戦争のソヴィエト空軍 1941～1945年』文書集第3号 モスクワ 1959年刊 190～195頁
57. 前掲『戦例研究資料集』 176頁
58. 前掲『第16航空軍』 98～99頁
59. 前掲『戦例研究資料集』 187頁
60. 同上 176頁
61. 同上
62. 同上 177頁
63. CAMO RF 第721戦闘機連隊フォンド、ファイル目録318639、ファイル1、53葉
64. 同上 第347戦闘機連隊フォンド、ファイル目録239656、ファイル1、40葉;Obermaier E. Die Ritterkreuzträger der Luftwaffe. Bd.1. Mainz:1966. S.216/ Ｅ・オーベルマイアー著『ルフトヴァッフェの騎士十字章受章者』巻1 マインツ 1966年刊 216頁
65. CAMO RF フォンド226、ファイル目録321、ファイル104、204葉
66. 同上 第517戦闘機連隊フォンド、ファイル目録211620、ファイル3、28～29葉
67. 「プラウダ」紙 1943年7月12日付
68. CAMO RF 第517戦闘機連隊フォンド、ファイル目録211620、ファイル3、29葉
69. 同上 第53親衛戦闘機連隊フォンド、ファイル目録288562、ファイル2、54葉
70. 同上 第163戦闘機連隊フォンド、ファイル目録558028、ファイル1、8葉

71. 前掲『クルスクの戦い　記録、事実、人々』217,219頁
72. CAMO RF　第6戦闘航空軍団フォンド、ファイル目録1、ファイル6、15葉
73. 同上　第299襲撃飛行師団フォンド、ファイル目録1、ファイル48、88葉
74. 同上　フォンド368、ファイル目録6476、ファイル56、121～128葉
75. Pustovalov B.M. Te trista rassvetov... M.:1990. S.55/ Ｂ・Ｍ・プストヴァーロフ著『あの三百回の夜明け…』モスクワ　1990年刊　55頁
76. CAMO RF　第9親衛爆撃飛行師団フォンド、ファイル目録1、ファイル61、54葉
77. 同上　60葉
78. 前掲BA/MA RL 2 III/1185「（航空）艦隊の航空事故と損害」
79. CAMO RF　フォンド39、ファイル目録11519、ファイル461、31葉
80. Skripko N.S. Po celyam blizhnim i dal'nim. M.:1981. S.296/ Ｎ・Ｓ・スクリープコ著『近きも遠きも狙って』モスクワ　1981年刊　296頁
81. Gornostaev N.M. My voevali na Li-2. M.:1990. S.83/ Ｎ・Ｍ・ゴルノスターエフ著『我々はLi-2に乗って戦った』モスクワ　1990年刊　83頁
82. CAMO RF　第5長距離航空軍団フォンド、ファイル目録1、ファイル9、57葉
83. 同上　第98親衛独立偵察機連隊フォンド、ファイル目録383399、ファイル1、2葉
84. 同上　ファイル目録383595、ファイル8、57葉
85. Voenno-vozdushnye sily v razgrome Orlovskoj gruppirovki nemcev. M.:1949. S.205-207/『ドイツ軍オリョール部隊の殲滅における空軍』モスクワ　1949年刊　205～207頁
86. 前掲『中央軍集団作戦報告書』23頁
87. JSMS №4. Dec. 1993. "The Defense Battle for Kursk Bridgehead. 5-15 July 1943". P.660/『JSMS』1993年12月号№4　「クルスク橋頭堡防衛戦　1943年7月5日～15日」660頁

193：爆撃の中、撃破された戦車を回収しているソ連軍の修理部隊。

[著者]
ドミートリー・ボリーソヴィチ・ハザーノフ
1954年生まれ。1977年モスクワ電子機械製作大学卒業。工学準博士（PhD）。現在はSNIIP（連邦機器製作科学研究所広報担当副所長、同教授会教務主管。1991年に初めて航空分野の著作『東部戦線のドイツ軍エース』を新聞「ソヴェルシェンノ・セクレートノ（極秘）」紙に発表、以来27冊の書籍を含め、約50本の著作を発表。最も知られている作品としては、『モスクワ上空の知られざる戦い 1941～1942年』（第1部・防衛作戦、第2部・反攻作戦；なお第1部は小社より邦訳版『モスクワ上空の戦い――知られざる首都航空戦1941～1942年――防衛編』として刊行）、『我が国航空史におけるドイツの足跡』、『戦闘機MiG-3』があり、記事や本は英語、ポーランド語、フィンランド語、フランス語、チェコ語、日本語などに翻訳されている。また、各種学術会議などでも発表し、航空史をテーマとするテレビ放送にも出演。

ヴィターリー・グリゴーリエヴィチ・ゴルバーチ
1970年生まれ。1997年モスクワ無線・電子・自動化工科大学を卒業。現在は「エクスプレス・ガゼータ」紙の情報通信技術マネージャー。研究活動にもいそしみ、2000年に最初の記事を航空雑誌『アヴィアマーステル』に発表。

[翻訳]
小松徳仁（こまつのりひと）
1966年福岡県生まれ。1991年九州大学法学部卒業後、製紙メーカーに勤務。学生時代から興味のあったロシアへの留学を志し、1994年に渡露。2000年にロシア科学アカデミー社会学・政治学研究所付属大学院を中退後、フリーランスのロシア語通訳・翻訳者として現在に至る。訳書には『バラトン湖の戦い』、『モスクワ上空の戦い』（いずれも小社刊）などがある。また、マスコミ報道やテレビ番組制作関連の通訳・翻訳にも多く携わっている。

独ソ戦車戦シリーズ 10

クルスク航空戦 ㊤
史上最大の戦車戦――オリョール・クルスク上空の防衛
北部戦区

発行日	2008年5月21日　初版第1刷	
著者	ドミートリー・ハザーノフ ヴィターリー・ゴルバーチ	
翻訳	小松徳仁	
発行者	小川光二	
発行所	株式会社大日本絵画 〒101-0054　東京都千代田区神田錦町1丁目7番地 tel. 03-3294-7861（代表）　http://www.kaiga.co.jp	
企画・編集	株式会社アートボックス tel. 03-6820-7000　fax. 03-5281-8467 http://www.modelkasten.com	
装丁	八木八重子	
DTP	小野寺徹	
印刷・製本	大日本印刷株式会社	

ISBN978-4-499-22960-9 C0076

АВИАЦИЯ В БИТВЕ НАД
ОРЛОВСКО-КУРСКОЙ
ДУГОЙ

by Дмитрий ХАЗАНОВ
Виталий ГОРБАЧ

©Дмитрий ХАЗАНОВ
Виталий ГОРБАЧ

Japanese edition published in 2008
Translated by Norihito KOMATSU
Publisher DAINIPPON KAIGA Co.,Ltd.
Kanda Nishikicho 1-7,Chiyoda-ku,Tokyo
101-0054 Japan
©2008 DAINIPPON KAIGA Co.,Ltd.
Norihito KOMATSU
Printed in Japan